发现科学
百科全书

物质与能量

Discovery
Science
Encyclopedia
Matter and Energy

美国世界图书公司 编

武鹏 毛燕萍 译

  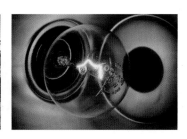

上海辞书出版社

上海市版权局著作权合同登记章：图字 09-2018-350

Discovery Science Encyclopedia © 2015 World Book, Inc. All rights reserved. This book may not be reproduced in whole or part in any form without prior written permission from the Publisher.

WORLD BOOK and GLOBE DEVICE are registered trademarks or trademarks of World Book, Inc.

Chinese edition copyright: 2021 SHANGHAI LEXICOGRAPHICAL PUBLISHING HOUSE All rights reserved. This edition arranged with WORLD BOOK, INC.

Matter and Energy

© 2015 World Book, Inc. All rights reserved. This book may not be reproduced in whole or part in any form without prior written permission from the Publisher.

WORLD BOOK and GLOBE DEVICE are registered trademarks or trademarks of World Book, Inc.

Chinese edition copyright: 2021 SHANGHAI LEXICOGRAPHICAL PUBLISHING HOUSE All rights reserved. This edition arranged with WORLD BOOK, INC.

目　录

阿尔瓦雷斯
Alvarez, Luis Walter

路易斯·沃尔特·阿尔瓦雷斯 (1911—1988) 是美国科学家。他研究原子。原子是物质的微小粒子。阿尔瓦雷斯建造了一个叫作气泡室的装置来帮助他寻找构成原子的更小部分。1968 年,他因此获得诺贝尔奖,这是科学家的最高奖项。

几年后,阿尔瓦雷斯和他的儿子沃尔特发现了地球上曾发生巨大陨石撞击的证据。许多陨石都含有金属铱。但地球的表面几乎没有这种金属。阿尔瓦雷斯在 6500 万年前的土壤中发现了大量的铱。他们认为额外的铱来自撞击地球表面的大型陨石。他们还将此事件与恐龙的消失联系起来。许多科学家现在都认可这个观点。

延伸阅读:原子。

阿尔瓦雷斯

阿伏伽德罗
Avogadro, Amedeo

阿莫迪欧·阿伏伽德罗 (1776—1856) 是意大利科学家。1811 年,他提出了一个关于气体的假说,这个假说后来举世闻名,被称为阿伏伽德罗定律。阿伏伽德罗定律涉及气体的体积,该定律表明,在相同温度和压力下,等量的气体具有相同数量的化学单元,这些单元是构成气体的微小原子或分子。根据该定律,阿伏伽德罗能够计算出原子和分子的质量。起初,其他科学家大多都不接受阿伏伽德罗的想法。他的想法直到 1858 年才开始流行。那时,一位名叫坎尼扎罗 (Stanislao Cannizzaro) 的意大利科学家接受并完善了阿伏伽德罗的想法。阿伏伽德罗于 1776 年 8 月 9 日出生于意大利都灵,1856 年 7 月 9 日去世。

延伸阅读:气体;体积。

阿伏伽德罗

阿基米德

Archimedes

阿基米德（前 287—前 212）是一位重要的古希腊科学家和发明家。他在数学和科学方面有很多发现，他还发明了许多机械。阿基米德居住在地中海的西西里岛。他解释了杠杆和滑轮的工作原理，以及为什么有些东西会漂浮在水中。

阿基米德发明武器来保卫他的城市锡拉丘兹，抵御罗马帝国的攻击。其中一种称为"弹射器"的武器非常有效，能投掷巨型石块。阿基米德还发明了一种机械，可以将罗马船只从水中抬起，摇晃后再将它们抛下。不过最终罗马人还是占领了锡拉丘兹。据说，阿基米德在研究几何问题时被一名士兵杀死。

延伸阅读： 数学。

阿基米德

埃拉托色尼

Eratosthenes

埃拉托色尼（前 276 ？—前 195 ？）是古希腊数学家。他找到了一种测量地球周长的方法，却不需要离开他居住的非洲北部。

与同时代的其他希腊科学家一样，埃拉托色尼知道地球是圆的。他观察到，在某一天正午，某个城镇的一根柱子不会投下阴影。但在另一个城镇，同样的柱子会投下阴影。埃拉托色尼测量了这个阴影与阳光的夹角。他知道这个夹角就是两镇到地球中心的夹角。然后埃拉托色尼测量了这两个城镇之间的距离。最后，他将该距离乘以 360° 和夹角的比值，即整圆的度量，结果就是整个地球的周长。埃拉托色尼测出的距离并不完全正确，但在那时他的结论已是令人惊讶地接近。他测量地球的周长在 45 000 ～ 47 000 千米之间，实际值为 40 008 千米。

爱因斯坦

Einstein, Albert

阿尔伯特·爱因斯坦(1879—1955)是有史以来最伟大、最著名的科学家之一。他为科学家理解物质和能量做出了重要贡献并帮助解释了宇宙的一些重大奥秘。

爱因斯坦因其两种相对论而闻名。其中一种理论说，光速对所有的观察者都是一样的。另一个理论是重力的新解释(重力是具有质量的物体之间的吸引力)。

爱因斯坦于1879年出生于德国乌尔姆，他在瑞士接受了大部分教育。他对物理学特别感兴趣。1905年，爱因斯坦获得苏黎世大学哲学博士学位。1902年到1909年，爱因斯坦在瑞士伯尔尼的一个专利局工作(专利是赋予发明人对发明的唯一所有权的法律文书)。他的工作让他有足够的时间从事物理学研究。在那些年里，他发表了几篇关于他的物理学思想的重要论文，包括一篇关于相对论的论文。

那些论文使他一举成名。从1909年开始，爱因斯坦成为物理学教授。他曾在欧洲各大学任教。

爱因斯坦于1914年回到德国，在那里他继续教学和研究。他于1921年获得诺贝尔物理学奖。1933年，因为希特勒和纳粹组织控制了政府，爱因斯坦移居美国。他是犹太裔，纳粹对犹太人的敌视政策使他离开了德国。他于1940年成为美国公民。

延伸阅读：引力；相对论。

爱因斯坦因其相对论而闻名。

安（培）

Ampere

安培是电流(许多电子的运动)强度的单位。安培通常简称为"安"，用于计量电流的量。

一个100瓦的灯泡在100伏时使用大约1安的电流。

称为万用表的设备可用于测量电路中电流的大小。万用表还测量诸如电压和电阻之类的其他电学量。

计算器和计算机使用的电流很小，以毫安（千分之一安）或微安（百万分之一安）为单位。大型工业设备以千安为单位计量电流。

安培以法国物理学家安培（André-Marie Ampère）的名字命名，他在 1820 年发现了电磁学定律。电磁学定律是物理学中研究电和磁之间关系的定律。

延伸阅读：安培；电力。

安培

Ampère, André-Marie

安德烈-马利·安培（1775—1836）是法国数学家和物理学家（物理学家是研究物质和能量的科学家）。19 世纪 20 年代安培发现了电磁学定律。电磁学定律是物理学中研究电和磁之间关系的定律。安（培）也是电流的基本单位，就是用他的名字命名的。

安培认为电流会产生磁力。他展示了电流在同方向流动的电线会像磁铁一样彼此吸引。如果电流以相反方向流动，则产生斥力。

他还发现，流过线圈的电流会吸引某些金属，如铁。由电流产生的磁铁称为电磁铁。这一发现促成了电流计的发明。电流计是用于检测和测量电流的仪器。

延伸阅读：安（培）；电力。

安培

氨

Ammonia

氨是一种无色气体。它有强烈的气味，刺激鼻子。呼吸纯氨很危险，甚至可能导致死亡。只有与大量空气混合，氨才是安全的。装在瓶子里出售的氨实际上是氨水，它是通过将氨气溶入水中制成的。

氨是一种化合物。化合物由两种或更多种化学元素组成，而化学元素是仅包含一种原子的材料。氨由氮和氢两种气体元素组成。

    人们使用氨来做很多事情。氨水适用于清洁玻璃和家里的其他物品。氨还用于制造肥料、药物、化学品和塑料。

    延伸阅读： 气体；氢；氮。

暗能量

Dark energy

    暗能量是一种神秘的能量形式。科学家认为它是宇宙膨胀速度增加的原因。

    1929 年，美国天文学家哈勃发现宇宙正在膨胀。科学家利用这些信息提出宇宙曾经非常微小，最终，这些信息促成了宇宙大爆炸理论的提出。人们认为几十亿年前的宇宙大爆炸使宇宙开始膨胀。根据科学理论，宇宙从那时起就一直在膨胀。

    20 世纪 90 年代，天文学家发现宇宙并没有恒速膨胀，相反，它膨胀的速度越来越快。天文学家得出的结论是，一些力量正在加速宇宙膨胀。天文学家称这种力量为暗能量，一些科学家认为暗能量占宇宙物质和能量的 70%。

    延伸阅读： 能量；力。

盎司

Ounce

    盎司有两个不同的义项，第一个是体积单位，第二个是重量单位。作为体积的单位，盎司主要用于测量液体，通常称为液量盎司。1 液量夸脱中有 32 液量盎司。在大多数国家，人们以升或毫升（千分之一升）来衡量体积。1 液量盎司等于 29.57 毫升。

    另一个盎司用于衡量重量。在日常情况下，重量用来表示与质量大致相同的东西（质量是物质的量）。1 磅有 16 盎司。在大多数国家，人们使用克来衡量重量。1 盎司的重量等于 28.35 克。

    延伸阅读： 质量；体积；度量衡。

盎司和毫升标示在这个量杯上。

奥本海默

Oppenheimer, J. Robert J.

罗伯特·奥本海默（1904—1967）是美国物理学家，也被称为原子弹之父。从 1942 年到 1945 年，他指导了曼哈顿计划。该计划由美国政府在第二次世界大战期间创建，用于制造第一颗原子弹。

奥本海默出生于纽约市。他于 1925 年毕业于哈佛大学。1927 年，他获得了德国哥廷根大学博士学位。从 1929 年到 1947 年，他在加州大学伯克利分校和加州理工学院任教。从 1947 年到 1966 年他在新泽西州管理普林斯顿高级研究院。

1953 年，一些人质疑奥本海默对美国政府的忠诚。原子能委员会（AEC）的一项调查澄清了对他的这些指控，但他还是被拒绝进一步获取秘密信息。1963 年，因奥本海默对物理学的贡献，AEC 授予他最高荣誉。许多人认为这是政府在努力纠正一个错误。

延伸阅读： 裂变；曼哈顿计划。

奥本海默

奥斯特

Oersted, Hans Christian

汉斯·奥斯特（1777—1851）是丹麦化学家和物理学家。奥斯特为电磁学奠定了基础，电磁学是研究电学与磁学之间关系的物理学分支。奥斯特的工作促成了电报、电铃和发电机等设备的开发。

电流是电的流动，磁场是磁铁的影响范围。奥斯特发现电流会产生磁场。1820 年，奥斯特在电线旁边放了一根磁针。电流流过电线。磁针就偏离电线。他意识到电流一定具有磁场，是这个磁场推开了磁针。

延伸阅读： 电力；磁场。

奥斯特

B

钯

Palladium

46 Pd
钯
106.42

2
8
18
18
0

钯是一种柔软、闪亮、银色的金属。它有时与黄金混合制成珠宝的"白金"。钯是一种化学元素。化学元素是由一种原子构成的物质。

钯有很多用途。它通常被用作金属铂的替代物。钯比铂更硬，更轻。钯可以制成薄片或金属丝。它也用来制造外科器械。

一种特殊的钯，称为钯黑，可用作催化剂。催化剂是帮助启动或加速化学反应的物质。钯黑是氢化反应的重要催化剂。这个过程被用于制造汽油和一些食物。汽车制造商在催化转化器中使用钯。这些装置减少汽车发动机排放的废气。

1803 年，英国化学家渥拉斯顿（William Wollaston）发现了钯。

延伸阅读：化学元素；金属；铂。

白光

White light

白光是人们可以看到的所有类型光的混合物。因此，白光也称为可见光。将白光透过棱镜（一种特殊形状的玻璃）会产生彩虹的颜色。彩虹显示构成白光的所有颜色。这些颜色是红、橙、黄、绿、蓝和紫色，与蓝色密切相关的靛蓝有时包含其中。我们可以看到的光的基本颜色构成了可见光谱。

许多其他颜色，例如深浅不一的棕色，是光谱中不同颜色的组合。白光之所以是白色的，因为它是光谱所有颜色的组合。有很多种的光人类是看不到的，包括紫外线和红外线。

延伸阅读：颜色；电磁波谱；光。

白光由许多不同的颜色组成。当白光穿过棱镜时，另一侧会看到彩虹。

半径

Radius

半径是从圆心到圆周上任意点的线段。自行车车轮中的轮辐就是半径的例子，车轮的轮胎就是它的圆周。圆可以用其半径的长度来描述。

圆的半径是圆的直径的一半，直径是一条穿过圆心并且两端都在圆周上的线段。

球体是一个球形的实体，球体也有半径。球体的半径是从其中心到其表面上的点的线段。

延伸阅读： 圆；直径；几何形状。

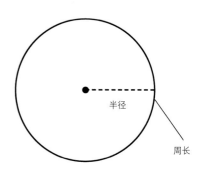

圆的半径是该圆的直径的一半。半径可用于确定圆的面积。该面积等于半径乘以自身，再乘以一个称为 π (3.141 59) 的比率。

半径

周长

鲍林

Pauling, Linus Carl

莱纳斯·卡尔·鲍林 (1901—1994) 是两次获得诺贝尔奖的美国科学家。他于 1954 年因原子在分子中连接方式的研究而获诺贝尔化学奖。鲍林的工作有助于解释氨基酸和蛋白质的复杂分子结构。他解释了不同氨基酸如何结合产生更大的蛋白质分子。他的工作也使人们更好地了解血液病镰状细胞贫血症。鲍林后来因其在治疗癌症和普通感冒方面实验性使用维生素 C 而受到关注。

鲍林还因为试图让各国禁止核武器和核武器试验而在 1962 年获诺贝尔和平奖。

延伸阅读： 原子；分子。

鲍林

爆炸

Explosion

爆炸因热气体的快速产生而发生，当化学品以极高的速度燃烧时会发生这种情况。在爆炸中，气体以非常高的速度和压力向外扩散，并发出响亮的声音。爆炸的压力会造成很大的破坏。

产生爆炸的材料称为炸药。爆炸物可以是固体、液体或气体。所有爆炸物都由燃料和称为氧化剂的物质组成。氧化剂提供化学元素氧，因为燃料需要氧气才能燃烧。硝化甘油炸药和三硝基甲苯是两种著名的炸药。

炸药有很多用途。一些炸药用于爆破岩石以建造道路或隧道。炸药也被广泛用作武器，它们被装在炸弹和导弹中。

延伸阅读： 燃烧；汽油。

产生爆炸的材料称为炸药。炸药引发了爆炸。

贝可勒尔

Becquerel, Antoine Henri

安东尼·亨利·贝可勒尔（1852—1908）是法国物理学家。他与居里夫妇（Pierre and Marie Curie）分享了1903年诺贝尔物理学奖，因为他们发现了天然放射性，并在放射学方面做出了杰出的贡献。放射性是指某些原子在分解时释放出粒子或能量。

贝可勒尔于1852年12月15日出生于巴黎。他的父亲和祖父也是物理学家。他于1892年成为物理学教授，于1908年当选为法国科学院院长。贝可勒尔于1908年8月25日去世。

贝可勒尔也是一个以他的名字命名的放射性单位。

延伸阅读： 辐射。

贝可勒尔

毕达哥拉斯

Pythagoras

毕达哥拉斯(前580？—？)是古希腊数学家和哲学家。他最出名的成果是证明了毕达哥拉斯定理(即"勾股定理")。毕达哥拉斯没有留下任何著作,他的思想通过他的追随者的著作而流传下来。

毕达哥拉斯定理是一个数学公式。它描述了直角三角形边长的特殊关系。直角三角形是具有直角(90 ℃)的三角形,在直角三角形中,与直角相对的一条边,称为斜边,比其他两边长。想象一个直角三角形,边长为A、B和C,C为斜边。毕达哥拉斯定理指出,A和B的平方和等于C的平方。作为哲学家,毕达哥拉斯认为数字是万物的本质。他将数字与美、色彩和许多其他思想联系起来。他还认为人类灵魂是不朽的,死后它会进入另一个活体。

人们对毕达哥拉斯的早年生活知之甚少。学者们相信他出生在萨摩斯岛上。公元前529年左右,他在克罗托内定居。毕达哥拉斯在该城市的高层人士中建立了一个组织(兄弟会),但克罗托内人在政治起义中杀死了其大多数成员。历史学家不知道毕达哥拉斯是否逃脱了暴力,或者是否被杀害。

延伸阅读: 角;几何;数学;三角形。

毕达哥拉斯对振动的乐器弦发出的声音进行了实验。他确定了声音中的数学模式。

标准模型

Standard Model

标准模型是物理学中一种重要的思想。标准模型描述了构成物质的微粒,还解释了这些粒子如何相互作用。我们周围世界的所有物体和材料都是由物质构成的。科学家们基于标准模型对宇宙的基本物理部分和规则做出了许多正确的预测。

根据标准模型,普通物体由原子组成,而原子由质子、中子和电子三种主要类型的粒子组成。质子和中子构成原子核,电子围绕原子核运行。中子和质子由称为夸克的更小粒子组成。

粒子通过力相互作用。电磁力吸引电子到原子核。强核力将质子和中子中的夸克结合在一起。弱核力与某些粒子的分解有关。第四种力,称为万有引力,使物体相互吸引。目前万有引力不是标准模型的一部分,许多科学家正致力于创造一种包括引力在内的自然力理论。

延伸阅读：原子；电子；力；引力；中子；质子。

表面张力

Surface tension

表面张力使液体表现得像具有弹性的薄膜。表面张力使水面能够支撑起通常会下沉的物体。例如,如果把针、剃刀刀片和某些昆虫小心地放在水面上就不会下沉。不同的液体具有不同的表面张力。与水相比,液态金属汞具有非常高的表面张力。许多类型的酒精具有低表面张力。当试管浸入液体中时,表面张力还使液体在细管中上升。这种效应称为毛细管作用。

液体由称为分子的微小物质组成。液体边界处的分子与中间的分子作用不同。在中间,每个分子被其周围的其他分子吸引,这些吸引力通常在所有方向相同,但是靠近边缘的分子也与相邻材料中液体外的分子相互作用。液体外分子的吸引力可能与液体分子的吸引力不同。这种不平衡会产生表面张力。

例如,在水池表面,空气分子对水分子的吸引力很弱。然而,池内的分子对表面分子吸引更强。这种差异导致了一种整体向内的力,这种力使得液体表面像有一层有弹性的薄膜。

延伸阅读：毛细管作用；液体。

水黾是一种昆虫,它依靠表面张力能够在池塘和湖泊的水面上移动。

冰

Ice

冰是冷冻的水。在寒冷的气温下，湖泊和河流以及潮湿的街道和人行道上会结冰。雪、雨夹雪、霜冻、冰雹和冰川都是冰。即使在夏天，高空的云层中也可能存在冰。冰是一种晶体，即由微观物质（如原子）以一种有序的方式聚集在一起组成的固态物体。

整个宇宙中有大量的冰。它是彗星的主要元素。木星的卫星木卫二有一层厚厚的表面冰层。水星和月球的环形山中也有冰，它们从未完全暴露在阳光下。

冰具有一些不寻常的特性。大多数液体在变成固体时会收缩，但是当水冻结成冰时，它会膨胀。这种体积上的变化可能会产生有害的结果，管道中水结冰膨胀可能导致管道爆裂，道路路面因水的冻融而引起的膨胀或收缩会导致路面崩塌。水破坏道路、岩石或砖块的过程，称为"风化"。固体通常比液体更重，但是冰比水轻。没有这种特性，湖泊和河流就会在底部而不是顶部形成冰。

纯净水在 0 ℃时冻结成冰。含有酒精、盐或糖等其他物质的水在更低温度下才会冻结。出于这个原因，道路养护工作人员在结冰的街道上撒盐或其他化学物质来融化冰块，使

冰是反常的，因为它在冻结时会膨胀。大多数液体变成固体时会收缩。

道路不那么滑。

冰很滑，因为水结晶的最外层很容易变回液体。来自我们的手或温暖物体的热量导致迅速在冰晶表面上形成光滑的液体层。即使冰接触冷物体，微小的摩擦也会使最外层变成液态水。

冰会牢固地附着在它形成的物体上。当冰粘在汽车挡风玻璃上时，这可能是一种麻烦。当冰粘在飞机机翼上时，这可能就是一种危险了。

并非所有的冰都是水结晶的。化学品甲烷和氨在冷冻时有时也称为冰。木星、海王星、土星和天王星等大型气体行星就含有不同类型的冰。

延伸阅读： 干冰；凝固点；物理变化。

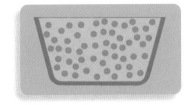

在室温下，水分子自由运动。

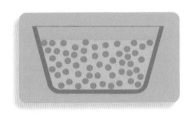

随着水越来越冷，分子运动会慢下来并靠近在一起。

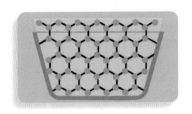

当水冻结时，分子会分开并形成一种称为晶体的刚性结构。

了解冰：在压力之下

你有没有在冰上滑过冰？当你滑冰时，你所有的重量都会压在冰鞋的薄刀片上。你的体重会对冰的一个小而薄的区域施加很大的压力。这种压力使冰融化。当你滑行时，冰面立刻在刀片下方融化。你真的在一条非常细的水面上滑行。当你继续前进时，这融化的水会再次冻结，并释放压力。

这是一个实验，你可以了解压力下的冰。

你需要准备：

- 一个小而坚固的塑料瓶
- 足够的水
- 一台冰箱
- 一个碟子
- 一块冰
- 一副手套
- 一把勺子

1. 用塑料瓶装满水。将其放入冰箱过夜。到早晨，水被冻结，冰从瓶子的顶部伸出。冻结时水的体积会增加吗？

2. 现在将碟子放入冰箱过夜。第二天早上把碟子拿出来。用手套保护手，将冰块放在碟子上。

3. 现在用勺子在冰块顶部用力按下。你会看到冰块下面出现一点水。压力会使冰融化得更快吗？

波

Waves

波是把能量从一个地方传递到另一个地方的运动。波可以穿过水、空气和其他物质。海洋中水的上下运动是波浪。声和光也以波的形式传播。

波有三个基本特征。波长是从一个波峰到下一波峰的距离。振幅是波的高度。频率是在一定时间内通过一个点的波数。

波的产生很容易。如果你将一块石头扔进一个大而静止的池塘里，涟漪将从石头落入水中的地方向外移动。涟漪实际上是许多环形波。每个波都更宽，但都有相同的中心——石头的入水点。能量产生波，波携带能量。

波也可以携带信息。它们可以穿过感受到电力或磁力的区域。无线电、电视广播以及手机信息通过无线电波在空中传播。

另一个简单的有关波的实验可由两个人和一根绳子完成。两人各自握住绳子的一端。当一个人上下急速移动绳子的一端时，能量离开这个人的手并通过绳子移动。随着能量通过绳子，绳子上下运动但不向前移动。

有两种主要的波。有些波的行进方向与它们穿过的物体方向相同，这种波称为纵波。声波就是纵波。另一种波的移动方向与它穿过的物体的方向不同，这种波称为横波。绳波是横波，因为这种波从绳子的一端移动到另一端时上下运动。

延伸阅读: 电磁波谱；频率；光；无线电波；相对论；波长。

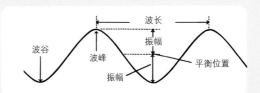

大多数波看起来像山峰和山谷。山峰叫波峰，山谷叫波谷。振幅是衡量波从其平衡位置上升或下降多少的一种度量。波长是一个波峰到下一个波峰之间的距离。

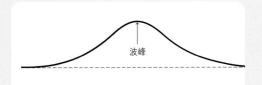

孤立波只有一个波峰，没有波谷。浅水河道中常形成孤立波。

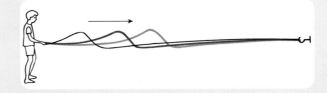

横波的传播方向与绳子的运动方向垂直也就是说，波峰从左向右移动。当波通过绳子时，绳子上下运动。

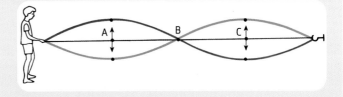

纵波的传播方向与物质的传播方向相同。A 点和 C 点上下运动，但 B 点不动。

波长

Wavelength

波长是从一个波峰到下一个波峰的距离。波长是度量波的一种方式。

在给定时间内通过给定点的波的数量称为波的频率。随着频率增加，波长趋于减小。如果被比较的波具有相同的幅度（高度），则波长越短，波的能量越大。

不同形式的光具有不同的波长。伽马射线具有最短的波长，无线电波的波长最长。一些长的无线电波的波长超过 10 000 千米。因此，伽马射线比无线电波携带更多的能量。声波、空气和水的波动也可以用波长来度量。

延伸阅读：电磁波谱；频率；光；无线电波；波。

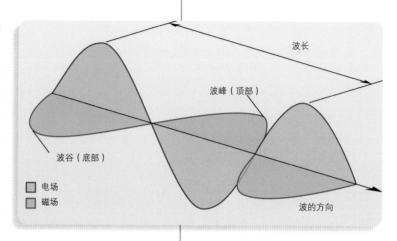

不受引力影响的电磁波沿直线传播。它们的电场和磁场以彼此成直角的方式来回运动，并与能量流成直角。可以确定电场和磁场重复的两点之间的距离，该距离称为电磁辐射的波长。

玻尔

Bohr, Niels

尼耳斯·玻尔（1885—1962）是丹麦的著名科学家。他以关于原子的观点而闻名。原子是物质的基本单位之一。原子有称为电子的粒子，围绕原子核旋转。玻尔认为，电子只能在某些轨道上绕核运动。他认为外轨道——即离核更远的轨道——可以比内轨道容纳更多的电子。他因原子结构方面的研究而获得 1922 年诺贝尔物理学奖。

玻尔还想到了原子如何发光。他认为，当一个电子从外轨道跳到内轨道时，它会发光。后来，其他科学家利用玻尔的想法来研究一种称为量子力学的物理学，该学科解释了物质的最小部分是如何表现的。

玻尔于 1885 年 10 月 7 日出生于丹麦哥本哈根。他曾获得博士学位。1911 年，玻尔成为物理学教授。

玻尔

在第一次世界大战期间，纳粹德国的军队入侵丹麦，玻尔逃到了美国。在那里，他帮助科学家研究第一颗原子弹。后来，他鼓励人们和平利用核能。他于 1962 年 11 月 18 日去世。

延伸阅读：原子；电子；光；物质；量子力学。

玻色子

Boson

玻色子是一种亚原子粒子。亚原子粒子是一种比原子小的物质。科学家将所有亚原子粒子分为玻色子和费米子。我们周围的物质是由费米子组成的。许多玻色子与电磁作用有关。

最简单的玻色子不能分解成更小的部分。这些玻色子被称为基本玻色子或普通玻色子。基本玻色子在粒子之间传递力。科学家发现了四种基本玻色子，它们是光子、胶子、弱玻色子和希格斯玻色子。

光子携带电磁力，光由光子组成。胶子带有强大的核力，这种力将原子的核结合在一起。弱玻色子携带弱核力，这种力与某些亚原子粒子的分解有关。希格斯玻色子赋予基本粒子质量，质量是物体中物质的量。

许多科学家认为尚未发现的基本玻色子只有一种。它是引力子，携带着引力。

延伸阅读： 希格斯玻色子；光；光子。

玻意耳

Boyle, Robert

罗伯特·玻意耳 (1627—1691) 是爱尔兰科学家。玻意耳有时被称为现代化学的创始人。他帮助创建了进行化学实验的方法。

玻意耳最著名的是气体实验。他发现气体如何在压力下起作用。他还研究了真空的性质。

玻意耳想出了确定一种物质由哪些化学元素组成的方法。化学元素是仅具有一种原子的物质，而玻意耳纠证了关于化学元素的旧观念。他的实验证明，空气、土壤、火和水不是物质的基本要素。这种信念始于古希腊，许多世纪以来被人们所接受。玻意耳认为，物质的所有基本物理性质都是由原子的运动引起的，他称之为"微粒"。

玻意耳是伦敦皇家学会的会员。他写了许多关于他的实验的书。

延伸阅读： 化学元素；化学。

铂

Platinum

78	Pt	2
	铂	8 18 32 17
195.078		1

铂是一种银白色金属，比金子更珍贵。铂也是最重的化学元素之一，一块铂的质量是同体积水的质量的 21 倍。

铂很有价值，原因很多。它可以拉伸成细丝或锤成薄片。铂暴露在空气中不会生锈，它还能抵抗强酸。铂的熔化温度达到 1 772 ℃。除用作珠宝，铂还有很多用途：化学实验室经常使用铂制容器，因为热量和化学品不容易影响铂。铂是一种有效的催化剂。催化剂是一种有助于启动或加速化学反应的物质。汽车制造商在催化转换器中使用铂。这些装置减少了汽车发动机排出的有害废气。石油工业使用铂作为催化剂将原油炼制成汽油。外科手术中使用的许多器械都是由铂制成的。

在 16 世纪，西班牙征服者在拉丁美洲发现了一种混有银色未知金属颗粒的金矿床。当时，没有办法来熔化这些晶粒以提炼金属，所以矿工把这种颗粒丢弃了。布朗里格 (William Brownrigg) 是一位英国医生，他在 1750 年将铂视为一种新的化学元素。到 1803 年，英国化学家沃拉斯顿(William Wollaston)制作了第一个纯铂样品。

铂

延伸阅读：化学元素；金属。

布劳恩

Braun，Karl Ferdinand

卡尔·费迪南德·布劳恩 (1850—1918) 是德国物理学家。布劳恩帮助发展了电极技术，还有一种电视屏幕的出现是基于他的一项发明。他与意大利广播先驱马可尼 (Guglielmo Marconi, 1847—1937) 分享了 1909 年诺贝尔物理学奖。

布劳恩

布劳恩研究电力并发明了几种电子设备，其中最重要的是 1897 年开发的一种真空管,这种真空管将光线形成细光束,光束可以描绘出光的样式。该装置最早用于显示和测量电压，后来又被用来开发电视和雷达屏幕。

1898 年，布劳恩开始试验广播无线电波。他改进了天线 (发射无线电波的电线) 的设计，这使得信号能够进一步加强。他还找到了将无线电波定向为一束波的方法，就像探照灯的光束一样。以这种方式定向的无线电波可以传播得更远，到达更多的受众。因这项工作，他获得了诺贝尔奖。布劳恩于 1850 年出生于德国富尔达市，于 1918 年在美国去世。

延伸阅读：无线电波。

C

彩虹

Rainbow

彩虹是出现在天空中的一条弯曲的彩色光带。当阳光照射在雨滴上时会出现彩虹。有时彩虹的两端似乎都触地。彩虹不是物理学上的物体。相反,它是一种光学现象。

没有两个人能看到同样的彩虹。你位于你所看到的彩虹的中心。站在你旁边的人将处于另一道彩虹的中心。不同的雨滴形成不同的彩虹。

彩虹通常会出现在白天结束时,在风暴过去之后。要找到彩虹,请背对太阳,面对头部投下的阴影。现在抬头看,如果有彩虹,你会看到它在你的阴影和你头顶正上方之间不到一半的位置。

通常,人们只会看到一道彩虹,曲线顶部为红色,内层为紫色,这两种颜色之间,自上而下会呈现出橙色、黄色、绿色和蓝色的条带。

有时会有第二个较暗的彩虹出现在更高的位置。这条彩虹顶部为紫色,内部为红色。它们之间的颜色也排序相反。这种彩虹被称为霓。在极少数情况下,第三或第四彩虹可以出现在观察者的同一侧,就像太阳一样。因为这些彩虹靠近太阳,所以很难看到。第三彩虹的颜色以与主彩虹相同的方式排列。第四彩虹的颜色以与霓相同的方式排列。

光的行为方式产生了彩虹。白光由其他颜色的光组成。每种颜色都有不同长度的光波。当白光通过棱镜时会发生折射。

一些颜色的光波比其他颜色折射得

有时会出现两个一模一样的彩虹。当雨滴的内表面不止一次地反射太阳光时,就会发生这种情况。

当雨滴折射并反射太阳光线时形成彩虹。光线在进入雨滴时发生折射,它会分离成不同颜色的光线。然后这些光线从雨滴的内表面反射并在它们离开雨滴时再次折射。要在风暴过后找到彩虹,请背对太阳,面对头部投下的阴影。现在抬头看,彩虹将在你的阴影和头顶正上方之间。

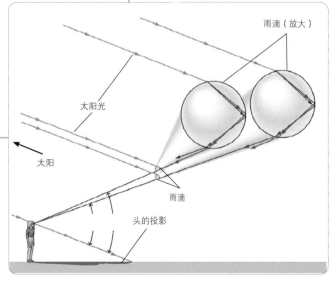

雨滴(放大)

太阳光

太阳

雨滴

头的投影

更多,这使得白光分离成彩色光带。穿过雨滴的光以相同的方式分离,形成的彩色光带组成了人们看到的彩虹。

超流体

Superfluid

超流体是一种特殊的液体,它完全自由流动。普通液体具有流动阻力。阻力是一种抵抗物体运动的力,在普通流体中,这种阻力称为黏度。例如,蜜糖具有高黏度,它不容易流动。水黏度低,它比蜜糖更容易流动。但是超流体根本没有黏性。因此,超流体可以"爬进爬出"开放式容器。

只有两种物质可以成为超流体,它们都是化学元素氦的形式。两种形式的氦必须冷却到很低的温度才能成为超流体。

超流体具有许多常规流体中未发现的特性。例如,旋转一个盛有超流体的容器会在流体中产生一种旋涡,但只要液体仍然是超流体,涡流将继续旋转。此外,超流体可以流过精细颗粒的粉末。它还可以传导热量,即允许热量以极快的速度通过自身。

延伸阅读: 流体;氦;液体。

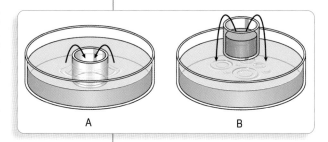

超流体形式的氦可以"爬"上烧杯的侧面。在实验 A 中,放置在一碗超流体中的空烧杯会被逐渐填满。在实验 B 中,氦从悬浮在一碗超流体上的烧杯中流出。

乘法

Multiplication

乘法是计算相等数字的快速方法。它是算术的四个基本运算之一。其他运算是加法、减法和除法。

乘法的符号是 ×。6×5=30 表示"6 乘以 5 等于 30"(= 代表等于)。人们也可以说,"5

乘以 6 等于 30"，或者说 "5 的 6 倍是 30。"

在人们学会乘法之前，他们必须将数字加在一起以获得总数。当只有少数东西需要计算时，加数字很容易，例如羊群中的绵羊数量。但是当人们不得不加很多数字时，例如墙上的砖块数量，加法变得很难。人们必须连续计算砖块的数量然后将所有行添加到一起，如下所示：

5 + 5 + 5 + 5。

在某些时候，人们意识到 4 组 5 个加起来总是等于 20。他们写出了一个乘法表或者说是图表。该表显示了从 1 到 10 的任何数字乘以 1 到 10 之间的任何数字的乘积（答案）。今天，我们记住学校中的乘法表，这样我们就不必每次都加数字。

延伸阅读： 加法；除法；减法。

乘法中的一个重要规则如下图所示。每个盒子包含 12 个鸡蛋。您可以通过两种方式查看左侧的鸡蛋盒。你可以说有 6 行鸡蛋，每行有 2 个鸡蛋。或者你可以说有 2 行鸡蛋，每行有 6 个鸡蛋。您还可以通过两种方式查看右侧的鸡蛋盒。你可以说有 4 行鸡蛋，每行有 3 个鸡蛋。或者你可以说有 3 行鸡蛋，每行有 4 个鸡蛋。

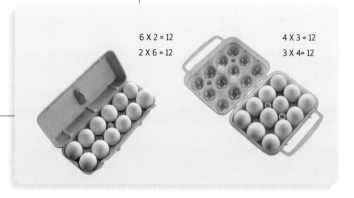

6 X 2 = 12   4 X 3 = 12
2 X 6 = 12   3 X 4 = 12

除法

Division

除法是将一组物品分成相等部分的一种方法。它是算术的四个基本运算之一。其他三个是加法、减法和乘法。

想象一下，你想要与两个朋友分享 18 个弹珠。你希望你们每个人获得相同数量的弹珠，所以你要把弹珠分成三个相等的组，然后你们每个人都会得到 6 个弹珠。

除法在数学上很重要。你可以将弹珠问题写成数学算式，它将是 18÷3＝6，或十八分成三份等于六。除法的数学符号是 ÷。

大多数人通过记忆除法规则来学习除法。除法规则是 64 个简单的除法问题及其答案。您可以使用除法规则来解决任何除法问题而无需计算。

延伸阅读： 加法；乘法；数；减法。

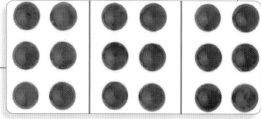

在一个除法的例子中，一组 18 个物品可以分成相等的三组，每组 6 个。

传导

Conduction

传导是热通过物质的运动。这是热量运动的三种方式之一，其他两种方法是对流和辐射。在传导过程中，热量在物质中流动，但它并没有携带物质。

想象一下，把金属棒的一端放进火里。随着时间的推移，棒的另一端会发热。这是一个传导的例子。这个棒是由一些叫作原子的物质组成的。原子总是在移动。当它们变热时，它们移动得更快。当棒的一端变热时，它的原子开始移动得更快。他们撞到旁边的原子。这使得这些原子移动得更快。热量通过这种方式从一个原子传递到另一个原子。最后，热量到达杆的另一端。

延伸阅读： 对流；热；辐射。

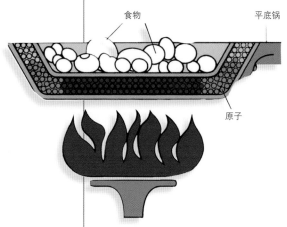

传导通过物体传递热量。例如，来自炉子的热量使平底锅底部的原子振动得更快。这些原子撞击更上层原子。如此，热通过平底锅传递到锅内的食物。

磁场

Magnetic field

磁力是一种使磁铁和某些其他物体相互吸引或排斥的力，而磁场是磁体周围可以感受到磁力的区域。

磁场是看不见的。但你可以想象一块磁铁的磁场。将一张纸放在磁铁上，然后在纸上撒上铁屑。铁屑将在磁铁的末端附近聚集在一起并在其周围形成图案。这种情况遵循磁铁的磁场规则。

磁场也可以被认为是一组称为磁力线的假想线。我们想象这些线从磁铁的N极出来，

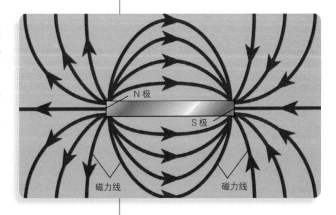

条形磁铁的磁场在磁极附近最强，磁力线彼此最密集。

环绕着，并返回到磁体的 S 极。磁场在极点处最强，其磁力线最密集。

地球、太阳和太空中的许多其他物体都有磁场。电流也会产生磁场。

延伸阅读：电力；磁极；磁性。

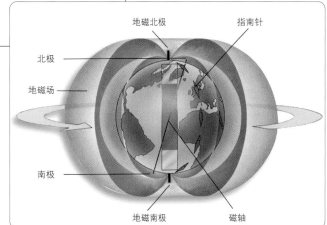

地球的磁极与其地理或真正的极点不在同一个位置。地理极点是地球轴线的末端（穿过地球中心的假想线）磁极是由地球磁芯中的磁流产生的。

磁极

Magnetic pole

磁极是磁铁的"末端"。普通的条形磁铁有两个极，一个是 N 极，另一个是 S 极。

如果用一根绳子悬挂条形磁铁，则指向北方的一端是 N 极。指向南方的一端是 S 极。地球就像一块巨大的磁铁。悬挂的磁铁将指向北方和南方，因为它被地球北极和南极的磁极所吸引。

相反的两极相互吸引。例如，一个磁铁的 N 极将吸引另一个磁铁的 S 极。相同的两极则彼此排斥。例如，一个磁铁的 N 极将排斥另一个磁铁的 N 极。

延伸阅读：磁场；磁性。

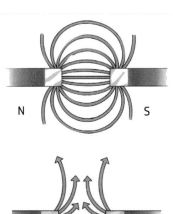

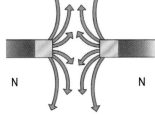

磁场的形状取决于磁体的哪些磁极彼此面对。线条显示磁铁如何相互吸引或排斥。

磁性

Magnetism

磁性是一种看不见的自然力量。磁力使某些材料彼此吸引，也可导致某些材料彼此排斥。诸如条形磁铁具有两个磁极，分别称为 N 极和 S 极。如果将一个磁铁的 N 极带到另一个磁铁的 S 极附近，磁力会将它们拉到一起。如果将磁铁的 S 极靠近另一块磁铁的 S 极，磁力会将它们推开。

地球是一块巨大的磁体。北极地区我们称之为北极的点实际上是地球磁场的南极。我们称之为南极的南极点实际上是地球磁场的北极。如果你用一根绳子扎在一块条形磁铁中间悬挂起来，磁铁的 N 极将指向地球北极。

地球的磁场是有趣和不寻常的。与其他磁铁不同，地球的磁场会切换磁极或"翻转"。北磁极成为南磁极，南磁极成为北磁极。平均而言，这一事件大约每 200 万年发生一次，但并不是定期发生的。科学家们不知道为什么会发生翻转或者接下来会发生什么。

一些岩石，矿物和陨石是天然磁体。通过流过线圈的普通电流也可以产生磁力，称为电磁铁。电流是电子（带负电的粒子）通过材料的流动。

延伸阅读： 电力；磁场；磁极。

磁性将这些金属回形针吸引到磁铁的磁极上。

弹道学

Ballistics

弹道学是研究投射物运动和行为的学科。投射物包括箭头、弹丸、炸弹、子弹、导弹和其他可以从武器中投掷或射出的物体。士兵、科学家和警察在特殊实验室研究弹道学。为了理解弹道学，他们应用化学、数学和物理学知识。

一些科学家研究弹丸是如何在武器内运动的。另一些人研究子弹、弹丸或其他投射物如何在空中运动。也有一些专家研究投射物击中目标时会发生什么。

警察常依靠一种称为法医弹道学的特殊弹道学。这种弹道学常常使警察能够证明特定枪弹是从特定的枪中射出的。这些证据可以帮助警察抓捕罪犯。

延伸阅读：运动。

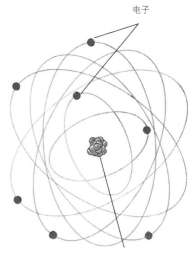

最常见的氮原子有七个质子、七个中子和七个电子。

氮

Nitrogen

7	N	2
氮		5
14.0067		

氮是一种气体。它无味、无嗅、无色。它是大气的主要成分，大气指围绕地球的那层空气。氮也是一种化学元素。一位名叫卢瑟福 (Daniel Rutherford) 的苏格兰医生在 1772 年发现了氮。

氮对所有生物都很重要。它是植物、动物和其他生物所需的多种化学物质的一部分。其中一类化学物质是氨基酸，即蛋白质的组成部分。蛋白质在建立、维护和修复所有生物中的细胞和组织方面非常重要。植物从土壤中获取氮。他们制造自身需要的所有氨基酸。动物仅产生这些化合物中的一部分，他们必须通过食用其他动物和植物来获得其余的氨基酸。

氮主要用于生产氨。氨用于肥料的生产并作为空调及冰箱中的冷却剂。此外，氮可用于制造硝酸，硝酸也用于制造肥料。

延伸阅读：氨。

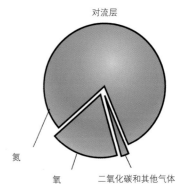

氮占对流层（最接近地球表面的大气层）的近四分之三，另外对流层还有约五分之一是氧气，其余的由氩气、二氧化碳等组成。

德谟克利特

Democritus

德谟克利特（约前460—约前370）是古希腊的哲学家。哲学是对真理和知识的研究。德谟克利特是第一批认为一切都是由微小的、不可见的粒子组成的人之一。他说这些粒子不能分成任何更小的粒子。他把这种粒子称为原子，在希腊语中意为"不可分割"。现代科学家仍然使用原子作为最简单的化学元素粒子的名称。

德谟克利特认为宇宙中只有两件事：原子和虚无。他认为，我们所知道的一切都来自我们的感官（视觉、嗅觉、味觉、听觉和触觉）。他认为我们的经历是由原子作用于感官引起的，但他也认为真正的知识只来自思想而不是感官。德谟克利特写了许多其他著作，包括数学和文学类作品。

延伸阅读：原子；化学元素。

德谟克利特

等离子体

Plasma

等离子体有时被称为物质的第四态，其他三种是固体、液体和气体。等离子体由带电粒子组成。太阳和其他恒星以及太空中的大多数其他物体都是等离子体。闪电也由等离子体组成，但很少有其他等离子体在地球上自然发生。

人工创建的等离子体有许多实际用途。例如，电能将霓虹灯管中的气体转变为发出光的

电弧焊接是人工产生的等离子体的一个例子。在这个过程中，电被用于在连接金属片所需的高温下产生等离子体。

等离子体。离子火箭使用等离子燃料进行长途旅行。

人们可以通过将气体加热到非常高的温度或使电流通过气体来制造等离子体。巨大的热量或电流导致气体中的原子失去一个或多个电子。电子是带负电的粒子,围绕原子核运行,失去电子的原子带正电荷,称为离子。

当气体成为等离子体时,气体的物理和电气性质会发生很大变化。因为等离子体中的离子和电子是分开的。例如,大多数气体导电性差,不受磁场影响。但是等离子体导电性很好并且受到磁场的影响。气体由独立移动的原子组成,并且没有明确的方式。等离子体中的电子和离子可以运动,通常是波状运动。等离子体具有与物质三种基本物态不同的性质。

科学家希望有一天能够利用等离子体控制核聚变过程来发电。当两个或多个轻质原子核结合形成较重的原子核时,会释放出巨大的能量。

延伸阅读: 电子;气体;聚变;离子;物质。

笛卡尔

Descartes, René

勒内·笛卡尔 (1596—1650) 是法国科学家、数学家和哲学家。

笛卡尔生活在科学发生巨大变化的时代。他的哲学帮助科学家利用科学和数学原理开发和测试新思想。因此,笛卡尔被称为现代哲学之父。

笛卡尔认为世界由两种基本实体——物质和精神组成。物质是物质世界,包括我们的身体。人的思想或精神与身体相互作用,但与身体完全分开。作为一个年轻人,笛卡尔关注的问题是,"我怎么知道什么是真实的? 什么是存在的? "他在著名的论述中总结了这一思想,"我思,故我在。"

笛卡尔还创立了一种几何学。此外,他用物质和运动描绘了宇宙。笛卡尔是第一批试图确定控制所有物理变化的简单运动定律的人之一。

延伸阅读: 物质。

笛卡尔

碘

Iodine

53	I	2
		8
碘		18
		18
126.90447		7

　　碘是一种化学元素，符号为 I。

　　通常，碘是蓝黑色固体。但是当它被加热时，变成紫色蒸气（气体）。吞食纯碘有毒，但微量的碘有许多不同的用途。含有碘的化合物用于清洁水和对伤口杀菌。它们被添加到某些种类的面粉中以改善面包的质量。动植物也需要碘来促进生长，食盐中也常常加碘。人体通过喉咙旁称为甲状腺的微小器官来利用碘。

　　延伸阅读： 消毒剂；化学元素。

碘在室温下呈蓝黑色固体。加热时变成紫色蒸气。

电磁波谱

Electromagnetic spectrum

　　电磁波是电能和磁能的运动模式，它们是通过电荷的前后运动形成的，而电磁波谱是不同类型电磁波的整个范围。

　　电磁波谱由所有形式的辐射能量（光能）组成。辐射能量有许多不同种类，人们只能看到电磁波谱的一小部分，该部分称为可见光或可见光谱。彩虹是可见光谱的代表光谱。我们看不到的辐射能被称为不可见光谱。电磁波谱是可见光谱和不可见光谱的组合。

　　电磁波谱包括伽马射线、X 射线、紫外线辐射、可见光、红外线辐射、微波和无线电波。伽马射线具有最短的波长和最高的能量。波长是波的相邻两个波峰之间的距离。无线电波有最长的波长和最低的能量。

　　延伸阅读： 能量；光；磁性；波长。

电磁波谱是不同类型电磁波的整个范围。在光谱的一端是具有最短波长的伽马射线，在频谱的另一端是具有最长波长的无线电波。

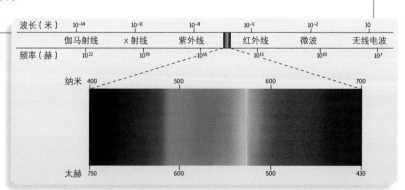

电力

Electricity

　　电力是一种能源，可用于制造光和热，并做有用的功。电厂产生大量电源，照亮人们的家园并驱动工厂的机器。但自然界也有电。事实上，电是宇宙中所有物质的一部分。物质的原子和分子通过电的作用力结合在一起。在人体中，电信号沿着神经传导以将信息传递到大脑或从大脑发出信息，电信号甚至可以告诉心脏何时跳动。风暴以闪电的形式放电。

　　电与磁有关。电和磁共同构成一种称为电磁能的能量。光是电磁能的一种形式，X 射线也是。

　　电来自构成原子的粒子，其被称为电子和质子。这些粒子具有电荷的性质。电子带负电荷，质子带正电荷。电子和质子的相反电荷具有完全相同的强度。

　　相同的电荷相互排斥，相反的电荷相互吸引。即使没有接触，电荷也会排斥或吸引其他电荷，那是因为它们被称为电场的无形的力所包围。

电力点亮香港九龙晚上的天际线。

用电安全：

不要用湿手触摸用电器具，揩干双手后才可使用电器。

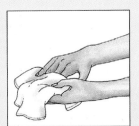

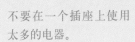
不要在一个插座上使用太多的电器。

用安全插头覆盖未使用的插座。

不要在电力线附近放风筝或爬树。远离坠落的电线。

闪电时待在室内，不要使用手机，除非万不得已。

在大多数物体中，正负电荷数量相等，物体的总电荷为中性（零）。这是因为正负电荷相互抵销。但如果添加或剥离某些电荷，则可能会失去这种平衡，然后该物体带正电或带负电。这些额外的电荷构成了所谓的静电。

电荷可以通过电线流动。电荷流称为电流。电流是由大型电力公司用发电机产生的。电流为家庭中的灯和电器提供能量。电荷在某些材料中比其他另一些材料更容易流动。这些材料称为导体。不传导电荷的材料称为绝缘体。橡胶和塑料都是良好的绝缘体。大多数电线由包覆有绝缘材料的金属线制成。绝缘体使你可以在电线承载电流时触摸电线而不会受到电击。

用于电力的电流有两种：直流电（DC）和交流电（AC）。直流电流是按一定方向稳定流动的电流。电池产生直流电。家庭和工厂中使用的电流是交流电，它交替改变方向。

虽然用于电力的电流以两种方式移动，但它们携带的能量却不是，直流或交流电流携带的能量总是向前移动。它是由电荷传输的能量，而不是电荷本身做功。如果导线中的电流停止，则金属中的电荷继续存在。但电荷不再携带能量。

古希腊人最早开始研究静电。18 世纪科学家们首次真正了解了电力。电力和磁力之间的联系是在 19 世纪被发现的。苏格兰科学家麦克斯韦（James Clerk Maxwell）用数学方法建立了这种关系的公式。正如爱尔兰物理学家斯托尼（G.Johnstone Stoney）所提出的那样，1897 年，英国物理学家汤姆森（Joseph John Thomson）证实了电子的存在。汤姆森还表明，所有原子都含有电子。

延伸阅读： 电子；能量；磁性；核能。

电子

Electron

电子是构成原子的三种基本粒子之一。其他基本粒子是质子和中子。电子占据原子的大部分空间，但它们只占原子质量的一小部分。电子是物质的基本单位——也就是说，它们不是由较小的单元组成。

电子带负电荷。它们围绕原子核以层的形式运行。每个原子通常至少有一个电子绕其原子核运行。原子的化学行为在很大程度上取决于其最外层的电子数。

原子可以获得或失去电子。获得电子的原子带负电荷，那些失去电子的原子带正电荷。

原子可以从外部吸收能量，变得活跃。许多电子的运动形成电流，激发的电子也提供发光的能量。电子是最轻的带电荷的粒子。

延伸阅读： 原子；中子；原子核；质子。

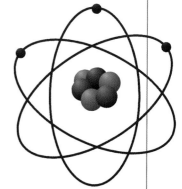

电子以极快的速度围绕着原子核旋转。

氡

Radon

86 Rn 2 8 18 32 18 8
氡
[222]

氡是一种重放射性化学元素。放射性元素在原子衰变(分解)时释放(发射)能量。

氡天然地以气体形式存在,由化学元素镭衰变时形成,而镭几乎存在于所有岩石和土壤中。

氡无色无味,但却是非常危险的。对人类,大量的氡会导致癌症或其他健康问题。人们可能会以几种方式接触到氡:氡会从土壤和岩石渗入水和空气中;氡可以通过地下室的裂缝进入建筑物;呼吸含有氡的空气、饮用含氡的饮用水都会导致这种化学元素在人体内积聚。

人们可以使用商店和在线网站提供的工具包测试家中的氡含量,承包商则可以使用多种方法降低房屋和其他建筑物的氡含量。

延伸阅读: 化学元素;辐射;镭。

氡气可以渗入房屋的地下室,因为岩石和房屋下方的土壤中的镭会衰变。

动量

Momentum

动量是一个物体运动的度量。物体的动量取决于物体的质量和速度,质量通常以千克为单位进行测量,但也可以以磅为单位。速度是特定方向的速率,以米/秒或千米/时来度量。在英制系统中,以英尺/秒或英里/时来度量。要算出物体的动量,可以将质量乘以其速度。

例如,有一辆质量为1 000千克的汽车,假设汽车以每小时100千米的速度作直线运动,汽车的动量将

在潜水员跃入水中之前,潜水员和船只的总动量为零,因为两者都没有运动。当潜水员从船上跳起时,他和船在相反的方向上运动,但总动量仍然为零,因为潜水员和船的运动相互抵消。

是 1 000×100，即每小时 100 000 千克·千米。

即使以相同的速度行驶，火车停车也比汽车停车更难。这是因为火车有更大的质量，所以它有更大的动量。使一辆速度为每小时 60 千米行驶的汽车停止比使一辆速度为每小时 20 千米行驶的相同质量的汽车停止更困难。第一辆车的动量更大，因为它的速度更快。

延伸阅读：力；质量；运动。

动能

Kinetic energy

动能是运动的能量。另一种能量是势能。势能可以被认为是"储存"的能量。所有形式的能量都是动能、势能或两者兼而有之。

想象一下拿起一个球。通过将其提升到地面以上，你可以给它带来势能。当你放开球时，它就会掉下来。在落球过程中，它通过提升所获得的势能被转换为其下降运动的动能。

物体的动能取决于两个方面：速度和质量。想象一下两个质量相同的物体。如果一个比另一个运动得更快，它就会有更多的动能。现在想象两个不同质量的物体以相同的速度运动。质量较大的物体具有较大的动能。

延伸阅读：能量；运动；势能。

物体运动越快，其动能越大。

动　能：骨牌效应

静止的物体通常具有一种储存的能量,称为势能。也就是说,如果物体的情况稍有变化,则该物体具有做功的可能性,例如运动。

想象一下,你手里托着一张多米诺骨牌。多米诺骨牌因其位于地板上方数米的位置而具有势能。当你从多米诺骨牌下抽出手时,势能变为动能——运动的能量。有时,运动中的物体将其能量传递给另一个物体。试试这个实验,看看如何。

你需要准备:

- 多米诺骨牌
- 胶带
- 不同尺寸的书
- 纸板

1. 排在一条线上的三张多米诺骨牌。惯性使每张多米诺骨牌保持竖立。但多米诺骨牌具有势能,可以在倾倒时释放出来。

2. 轻敲第一张多米诺骨牌。随着多米诺骨牌的倒下,它的势能会变为动能,它击中了第二张多米诺骨牌并传递了它的动能。这导致第二张多米诺骨牌倒下并传递其动能。

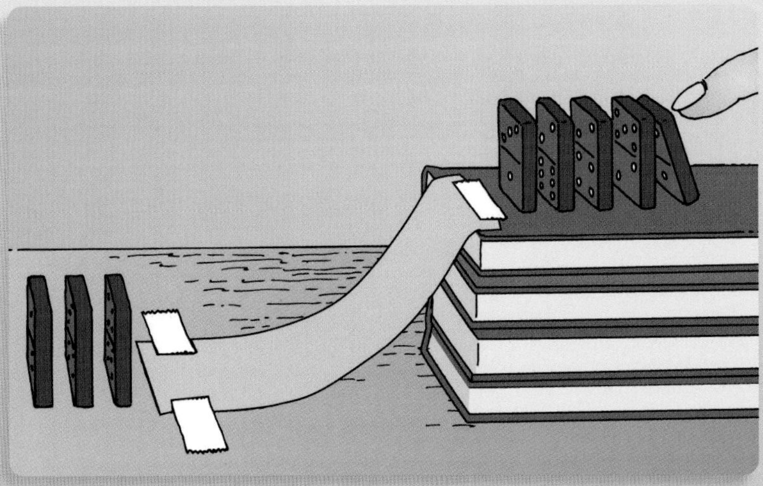

3. 做类似多米诺骨牌的势能和动能的实验。如图所示,制作不同的设计——尝试使用纸板、书籍和胶带。然后轻敲引发连锁反应。

度

Degree

度被用作一些小的度量单位的名称。度可用于测量温度。温度计通常以两种度数测量温度,分别称为华氏度和摄氏度,符号分别是℉和℃。

度还可用于几何学以度量角。角度是两条相交线之间的倾斜程度。墙和地板之间的角度是 90°。角度越窄,度数越小,角度越宽,度数越大。度可用于测量圆的部分,一个圆周角为 360°。

延伸阅读： 角；摄氏温标；华氏温标；温度。

温度计通常使用两个标度来度量温度:华氏温标和摄氏温标。科学家经常使用第三种温标,即开尔文温标。

度量衡

Weights and measures

度量衡是用来描述物体物理特性的标准。这些属性包括尺寸、质量、温度和时间。

度量衡对科学和技术至关重要,它们也是贸易和制造业所必需的。所有国家都在其境内强制统一使用度量标准。

现代最广泛使用的度量系统是国际单位制。人们通常用首字母 SI 来表示这个系统,它的名字是法语:*Système International d'Unités*。该系统包括用于度量质量的克和千克等单位(一种与重量相关的度量),以及用于测量长度和距离的米和千米。其温度以摄氏度为单位。

美国是唯一仍然使用英寸-磅制的大国。英寸-磅

计量单位
长度或距离
1 英尺 =12 英寸 = 约 30.5 厘米
1 码 =3 英尺 = 约 1 米
1 英里 =5280 英尺 = 约 1.6 千米
面积
1 平方英尺 =144 平方英寸 =929 平方厘米
1 平方码 =9 平方英尺 = 超过 0.8 平方米
1 英亩 =4840 平方码 = 约 0.4 公顷
1 平方英里 =640 英亩 =259 公顷
体积
1 汤匙 =3 茶匙 = 约 15 毫升
1 杯 =16 汤匙 =237 毫升
1 品脱 =2 杯 =473 毫升
1 夸脱 =2 品脱 =946 毫升
1 加仑 =4 夸脱 = 约 3.75 升
质量
1 磅 =16 盎司 =454 克
1 吨 =2000 磅 =907 千克或接近 1 公吨
温度
华氏度 =32+ 摄氏度 ×1.8
摄氏度 = (华氏度 −32) ÷1.8

该表显示了英制系统中的度量单位及其在公制系统中的相等值。英制系统通常以华氏度为单位度量温度。公制系统中的温度以摄氏度为单位。

制包括用于度量长度或距离的英尺、码和英里。它还包括用于
度量小重量的盎司和用于度量大重量的英吨。使用英
寸－磅制的人以华氏度为单位测量温度。英寸－磅制
有时称为习惯系统或英制系统，尽管在英国已不再
使用。

延伸阅读： 安培；摄氏温标；分贝；度；华氏温标；马力；公
制；盎司；体积；码。

一卷卷尺显示英寸－磅系统和公制
系统的测量值。

对流

Convection

对流是热量从一个地方转移到另一个地方的一种方式.另外两种方法是传导和辐射。
在对流中，热量由移动的气体或液体携带。

热风炉通过对流加热房间。炉子附近的热空气比冷空气轻。结果，热空气上升了。较
冷的空气移到了炉子旁，空气也变得热起来。热空气不断地离开炉子，这一运动把炉子周
围的热量带到整个房间。

对流也发生在炉子中被加热
的冷水上。平底锅底部的水变热
并膨胀，它变得更轻，上升到平
底锅的上部。冷水下沉，取代温
暖的水。最后，这些水变得更热
并上升.这种水的运动称为对流，
通过水传播热量。

延伸阅读： 传导；热；辐射。

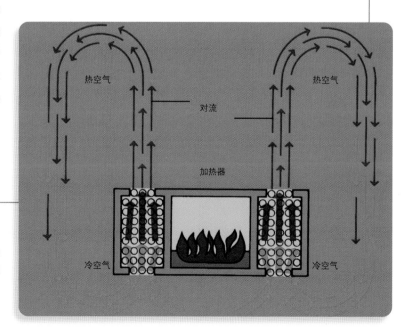

对流通过循环加热的物质来传递热量。例如，
一个空间加热器加热周围的空气。这种被加热
的空气上升并被较冷的空气所取代。空气的运
动产生一种对流气流,它携带热空气穿过房间。

多普勒效应

Doppler effect

多普勒效应指由运动引起的声音音调的变化。音高是我们听到的声音的高低。当声源移动时会发生多普勒效应。当声源朝向收听者移动时，导致音调变高。当声源移开时，使音调降低。

例如，火车接近时火车汽笛声的音调似乎更高。火车经过听者后，音调变低。汽笛发出的实际音调永远不会改变，但听者听到音调的变化，因为声音是通过声波传播。声音的音调与其波长有关。波长是声波的相邻波峰之间的距离。当火车向听者移动时，波峰在汽笛前被挤压，这导致更短的波长并因此产生更高的音调。当火车驶离时，波峰在汽笛后面被拉伸，这导致更长的波长和更低的音调。

多普勒效应也适用于光。它会使光线改变颜色。如果光源离开观察者，则光线会变红。如果光源移近观察者，则光线变得更蓝。

延伸阅读： 光；声音；波长。

驶近的火车的声波被挤压在一起，使它们有较高的音调。驶离的火车的声波被拉伸而具有较低的音调。

惰性气体是氦、氖、氩、氪、氙、氡和氦。

2	**He**	2
氦		
4.002602		

10	**Ne**	2
氖		8
20.1797		

18	**Ar**	2
氩		8
39.948		8

36	**Kr**	2
氪		8
83.798		18 8

54	**Xe**	2
氙		8
131.293		18 18 8

86	**Rn**	2
氡		8 18 32
[222]		18 8

118	**Og**	2
鿫		8 18 32
[294]		32 18 6

惰性气体

Noble gas

惰性气体是一组化学元素。人们在大自然中发现了六种惰性气体。它们是氦、氖、氩、氪、氙和氡。英国科学家瑞利 (Lord Rayleigh) 和拉姆赛 (William Ramsay) 在 19 世纪 90 年代后期发现了这些惰性气体。

许多气体以两个或多个原子的分子形式存在。然而，惰性气体是以单个原子的形式出现。它们之所以被称为"惰性气体"，因为它们通常不与其他元素结合。但是大多数惰性气体在某些条件下会形成化合物。

惰性气体具有多种用途。除氡外的所有惰性气体都用于某些类型的灯。氦气还用于填充携带科学仪器的气球。在实验室工作的科学家制造了第七种惰性气体原子，命名为鿫 (Og)，但对其特征知之甚少。

延伸阅读： 氩；化学元素；气体；氦；氪；氖；氙。

奥

E

二进制数

Binary number

　　数用数字符号来表达。在日常生活中，我们通常使用数字 0、1、2、3、4、5、6、7、8 和 9 来表示十进制数，但二进制数通常仅使用数字 0 和 1 来表达。二进制数的基数为 2。类似地，十进制数的基数为 10。

　　任何十进制数都可以写为二进制数。例如，十进制数字 5 以二进制形式写为 101 (4+0+1=5)。

　　计算机使用二进制数来存储数据并执行计算。计算机的电路可以"开"或"关"切换。"开"或"关"允许电流通过或不通过。这两个位置的工作方式类似于二进制数中的两个数字。计算机中的二进制数字可以代表字母和单词，它甚至可以表示图片、声音和视频。现代计算机还可以以极快的速度执行大量二进制计算。

　　德国哲学家和数学家莱布尼茨 (Gottfried Wilhelm Leibniz) 在 17 世纪后期开发了二进制数，但二进制数直到 20 世纪 40 年代才被广泛使用，当时人们开发了第一台计算机。

　　延伸阅读： 十进制数系；数字；数。

发酵

Fermentation

发酵是一种称为微生物的微小有机体将物质分解成某些化学物质的过程。微生物包括细菌、霉菌和酵母。许多食品需要发酵，包括面包和奶酪。发酵也用于制造含酒精饮料，包括啤酒和葡萄酒，以及制造乙醇燃料。某些霉菌用糖和其他化学物质的混合物发酵以产生抗生素青霉素。

许多发酵产品以相同的方式制造。首先，把水和营养物质注入大型金属容器。营养素通常包括某种糖。然后添加微生物。当微生物生长时，调节容器的温度。几天后，微生物将营养物质变成了不同的化学物质。然后将容器中的水排出，将所需产物与其余液体分离。

 酒精。

法拉第

Faraday, Michael

迈克尔·法拉第 (1791—1867) 是英国最伟大的化学家和物理学家之一。

1823 年，法拉第发现可以通过冷却和压缩把气体变成液体甚至固体。1831 年，他发现移动磁铁穿过铜线圈会在铜钱中产生电流。电流是电子的流动，电子是原子中携带电荷的微小不可见粒子。发电机和电动机都是基于该原理设计的。

法拉第也是一位受欢迎的讲师。每年圣诞节他都会为孩子们做科学讲座。这些讲座中最著名的是"蜡烛的化学史"。

延伸阅读： 电力。

法拉第

反射

Reflection

就像一个从墙上弹回的球，反射是能量撞击物体表面后的返回。反射可能发生在光、声、热或任何其他能量的波上。一种常见的反射来源是镜子。大多数镜子都是由带金属背的玻璃制成。镜子反射了照射它们的大部分光线。透明表面（例如窗玻璃）仅反射少量光，大部分光线都穿过玻璃。回声是另一个反射的例子。当噪声产生的声波从某个物体上反弹时，就会发生这种情况。当反射波到达我们的耳朵时，我们会听到回声。

雷达系统利用无线电波的反射来探测物体的位置。例如，从系统发送的无线电波可能会从飞机上反射回来。该系统从而感知反射波并确定飞机的位置、方向、距离、高度和速度。

延伸阅读： 回声；光；无线电波；波。

光束被光滑的表面（例如镜子）反射。在光束被反射之后，光束以与原始光束相等的角度离开表面。称为法线的假想线位于两个角度的中间。

反物质

Antimatter

反物质很像普通物质，但具有某些特性，例如电荷是相反的。物质和反物质都由基本粒子组成。原子的组成部分（质子、中子和电子）是最常见的基本粒子。1931年，英国物理学家保罗·狄拉克（Paul Dirac）预言反物质存在。1932年，美国物理学家卡尔·D·安德森（Carl D. Anderson）发现了反粒子（反物质粒子）存在的证据。2009年，科学家发现闪电会产生反物质。

反物质基本粒子的质量与普通物质中的对应物质相同。例如，正电子是电子的反物质对应物。它具有与电子相同的质量但带正电，而不是带负电。

反物质粒子可以像普通粒子一样结合在一起。例如，正电子和反质子（质子的反物质对应物）可以结合形成反氢原子。当物质和反物质粒子接触时，它们就会发生湮灭。因此，地球上的反物质通常会因为与普通物质接触而立即被湮灭。

延伸阅读： 质量；物质。

防冻液

Antifreeze

凝固点是液体变成固体的温度。防冻液是一种降低液体凝固点的物质。水的凝固点（称"冰点"）为 0℃。

防冻液含有毒性极大的醇类物质，可以防止水在寒冷的天气中冻结。因此，它常用于汽车和其他车辆的冷却系统。汽车的冷却系统使用水来防止发动机过热。防冻液还可以提高水的沸点（100 ℃）。因此，防冻液可以防止汽车冷却系统中的水在极热条件下沸腾。

延伸阅读：酒精；凝固点。

在汽车冷却系统中加入防冻液可防止水在极冷时冻结。

放射性碳

Radiocarbon

放射性碳是化学元素碳的同位素。放射性碳也称为碳 14，它比常规形式的碳重。放射性碳具有放射性，也就是说，它在原子衰变（分解）时会释放出能量。

在自然界中，称为宇宙射线的高能粒子撞击地球大气层时，会形成放射性碳。射线导致氮原子变成放射性碳原子。

生物只要存活就会吸收放射性碳。植物从空气中的二氧化碳中吸收放射性碳，人类和其他动物主要通过食用植物来摄取放射性碳。科学家可以使用放射性碳来确定化石和其他古代物体的年代。生物死后，它不再吸收放射性碳。研究人员知道放射性碳衰变的速度。通过测量材料中残留的放射性碳，科学家可以确定这些材料中的放射性碳是在多长时间前消失的或那些生物何时死亡。这个过程称为放射性碳年代测定。这种方法帮助科学家们了解了大约 5 万到

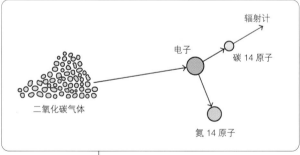

科学家们可以使用放射性碳定年法来确定一个长达 5 万年的古老物体的年代。燃烧一小部分物体会产生二氧化碳气体。气体中的放射性碳（碳 14）原子核发生衰变释放出电子，成为另一种称为氮 14 的原子。特殊的机器可以计算出电子的数量，这为科学家们提供了有关时代的线索。

6 万年前生活的人类、动物和植物的情况。研究人员还使用放射性碳来研究细胞和组织中的生物活动。

延伸阅读： 原子；碳；同位素；辐射。

沸点

Boiling point

　　沸点是液体起泡并变成气体的温度。

　　当蒸气压与空气压力相同时，液体达到其沸点。其中空气压力是大气中空气的向下压力。蒸气压是液体表面附近蒸气分子的向上压力。蒸气分子的运动产生蒸气压。

　　当液体被加热时，蒸气分子运动得更快并且更加猛烈地抵抗上面的空气。当蒸气压力等于上述空气压力时，液体变成气体。

　　液体的沸点随气压的变化而变化。随着空气压力的增加，沸点升高；随着空气压力的降低，沸点降低。例如，海平面处水的沸点是 100 ℃，但是在海拔 3 000 米处，水在大约 90 ℃时沸腾。

　　不同的物质具有不同的沸点。沸点取决于物质中分子间的吸引力。某些物质，如金，具有非常强的吸引力，需要更高的温度来打破吸引力。其他物质，如氮，吸引力较弱，它们在较低温度下沸腾。

延伸阅读： 气体；液体；温度；蒸气。

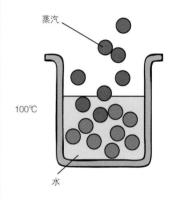

沸点是液体变成蒸气的温度。

费曼

Feynman, Richard Phillips

　　理查德·菲利普斯·费曼（1918—1988）是美国物理学家。

　　费曼获得了 1965 年诺贝尔物理学奖，他与美国的朱利安·施温格和日本的朝永振一郎分享了该奖项。三位科学家因在量子力学方面的创新而获奖。量子力学是物理学的一个分支，它描述了微粒（小于原子的物质）的结构和行为。

费曼还创造了一种新的图表来展示粒子之间如何相互作用，这些图称为费曼图。

费曼出生在纽约市郊区法洛克威。他获得了普林斯顿大学博士学位并从 1950 年开始在加利福尼亚理工学院任教，直到 1988 年去世。他的自传名为《别闹了，费曼先生》（1985）。费曼在调查 1986 年挑战者号航天飞机事故的总统事故委员会任职，他解释了失事发生的原因。

延伸阅读：量子力学。

费米

Fermi, Enrico

恩里科·费米（1901—1954）是一位出生于意大利的美国物理学家，他为现代核物理做出了许多重要贡献。他是第一个"分裂"原子的科学家，即将原子核分裂成两部分。但是，他当时没有意识到他的成功。1938 年，费米因发现放射性物质而获得诺贝尔物理学奖。放射性物质在衰变时会释放能量，一部分能量以热量的形式释放。

费米使用一种名为铀的金属。当铀原子的核被分裂时，它释放出称为中子的微小粒子和巨大的能量。中子击中其他原子并依次分裂它们的原子核。每次另一个核分裂时释放出更多的能量。该过程称为链式反应。费米和他的团队制造了第一个核链式反应。这一成就促成了第一种原子武器的发展。

延伸阅读：链式反应；核能；原子核。

费米是第一个分裂原子的科学家。

费森登

Fessenden, Reginald Aubrey

雷金纳德·奥布里·费森登 (1866—1932) 是加拿大的发明家和物理学家,他在无线电和无线通信的发展中发挥了重要作用。人们普遍认为他通过无线电首次公开广播了人类讲话。

费森登是美国发明家托马斯·阿尔瓦·爱迪生实验室的主要化学家之一。1893 年,费森登成为宾夕法尼亚西部大学 (现在的匹兹堡大学) 的教授。他开始尝试无线通信系统的研究。1906 年的圣诞前夜,几个电台接听了费森登的广播。他们惊讶于听到圣诞音乐和圣经读经而不是莫尔斯电码。在此广播之前,无线电一般只传输莫尔斯电码信号。

1866 年 10 月 6 日,费森登出生于魁北克东部博尔顿。在第一次世界大战 (1914—1917) 期间,费森登开发了各种类型的声呐设备 (声呐使用声波探测水下物体)。费森登还获得了诸如早期版本的缩微胶片和绝缘电胶带等有用产品的专利。专利是一种给予发明人在一定时间内的独家权利的政府文书。费森登获得 500 多项专利。

延伸阅读: 无线电波。

雷金纳德·奥布里·费森登

分贝

Decibel

分贝是计量声音强度的单位。它的符号是 dB。分贝等于贝尔的十分之一。贝尔是声音强度的基本单位。这是以美国发明家和教育家贝尔 (Alexander Graham Bell) 的姓氏命名的,他发明了电话。

0 分贝的声音是没有听力障碍的人能听到的最弱的声音。耳语的声音大约为 20 分贝。一架巨

分贝

160 — 足以引起伤害的响声
150
140 — 巨型喷气式飞机
130
120 — 摇滚乐
110
100 — 圆锯
90
80 — 吸尘器
70 — 电话铃
60
50
40
30 — 谈话
20
10 — 耳语
0 — 正常人能听到的最弱的声音

声音的响度用分贝来计量。这张图表展示了一些声音的响度。

型喷气式飞机起飞时的噪声约为 140 分贝。超过 140 分贝的声音对耳朵来说是痛苦的，它会严重损害听力。每增加 10 分贝代表着功率增长十倍。

延伸阅读：声音。

分数

Fraction

分数表示某事物的一部分。分数来自将某些东西分成相等的部分。例如，您可以将一张纸分成两个相等的部分，每一部分都是整张的一半。如果你将这些部分分成两半，你将有四个相同的部分，每一部分将是整张纸的四分之一。当某些东西被分成三个相等的部分时，每个部分被称为三分之一。

一个整体可以分成任意数量的部分。你可能会把棍子分成两根。除非两个部分的长度相同，否则你不可能有两个二分之一。

分数用由线分隔的两个数字表示。例如：2/5。分数 2/5 代表已被分成五个相等部分的两部分。下方的或第二个数字是 5，称为分母，它表明某一东西被分为五个相等的部分。上方的或第一个数字是 2，称为分子，它代表 5 个相等部分中的 2 个。

延伸阅读：十进制数系；数。

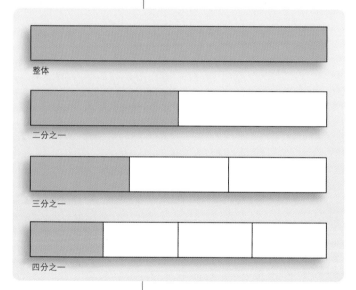

分数表示某一东西的一部分。当某一东西被分成相等的部分时，这些部分就是整体的一部分。

分形

Fractal

分形是一种特殊的形状或图案，在近处和远处看起来都相似。分形的形状和图案在越来越小的尺度上自我重复。分形研究涉及特殊数学。

　　自然界中发现的许多形状和图案都是分形，蕨类植物就是一个例子。蕨类植物的小叶与支撑它们的枝干具有相似的形状。而且，每个小叶由具有相同形状的较小小叶组成。分形也可以描述海岸线、山脉和云的形状。

　　对这些形状的研究始于 19 世纪后期。在 20 世纪 60 年代后期，人们对这些形状的兴趣大大增加，特别是在波兰出生的法国数学家芒德布罗 (Benoit Mandelbrot) 的工作中。芒德布罗在 1975 年发明了"分形"这个术语。一个最著名的分形是基于一个被称为芒德布罗集的数学公式而确立的。

　　延伸阅读： 几何。

分子

Molecule

　　分子是物质的基本单位之一。所有物体都是由物质构成的。分子很小，一滴水含有数十亿个水分子。

　　分子由更小的称为原子的单元组成。原子有 100 多种，包括金、氢、铁和氧原子等。当原子以某种方式连接在一起时，它们就形成分子。分子的大小和形状取决于其原子的大小和数量。分子中的原子通过化学键的强大吸引力连接在一起。

　　分子是一种物质可分成的最小单位，此时其仍然是该物质。例如，水分子由两个氢原子与一个氧原子键合而成。水分子是可以存在的最少量的水，如果把一分子水分开，就不再有水了，取而代之的是两个氢原子和一个氧原子。

　　延伸阅读： 原子；化学键。

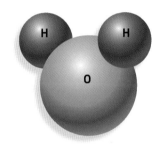

当两个氢原子和一个氧原子共享电子时，形成一个水分子。

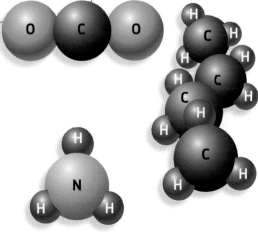

二氧化碳分子（左上）具有两个氧原子和一个碳原子。氨分子（左下）具有三个氢原子和一个氮原子。丁烷分子（右）是与氢原子键合的碳原子链。

氟

Fluorine

9	F	2 7
	氟	
	18.998403	

氟是一种化学元素。在常温下，纯氟是淡黄色气体。氟比任何其他元素更容易与其他元素结合。含氟的化合物称为氟化物。氟的符号是 F。

氟来自地下的矿物质。工厂在制造钢和铝等金属时也要用到氟。一些氟化物可以帮助预防蛀牙。这些氟化物被添加到牙膏中，而在一些地方这些氟化物被添加到饮用水中。

延伸阅读：化学元素；氟化。

通常在牙膏中加入氟化合物以预防蛀牙。

氟化

Fluoridation

氟化是在饮用水中添加一种叫氟化物的化学物质。氟化物有助于保护牙齿免受由细菌引起的龋齿（牙齿上的洞）的伤害。

在 20 世纪 30 年代，研究人员发现，喝自然含氟的水长大的人比没有含氟水地区生活的人蛀牙少得多。1945 年，一些城市开始在饮用水中添加氟化物作为实验。到了 20 世纪 50 年代，科学家们发现这些城市的人蛀牙比其他地方的人更少。政府卫生专家建议所有社区都向饮用水中添加氟化物。今天，美国约有一半的人喝含氟水，但氟化在其他国家并不普遍。

一些健康专家质疑氟化是否安全。他们说少数人可能会因此产生健康问题，但大多数科学家认为氟化的健康风险非常小。

延伸阅读：氟。

一些瓶装水含有氟化物。

浮力

Buoyancy

浮力是漂浮的能力。由于受到浮力,船漂浮在水面上。浮力还可以使气球浮在空中。

想象一下,将一个空心橡胶球放入一桶水中。球排开一些水。水对球有反作用。这种反作用产生浮力,它使球漂浮。

浮力取决于物体的密度,即单位体积的物体有多重。密度低于水的物体将漂浮。一艘船,即使是一艘由钢制成的船,其密度也低于水,那是因为船内有开阔的空间。如果它是坚固的钢块,其密度将大于水的密度,它就会下沉。

延伸阅读: 密度。

这艘船的质量是 5 万吨。

尽管它很重,这艘船仍能漂浮在水中。

这是因为该船已经排开了与自身质量相同的 5 万吨水。

辐射

Radiation

辐射是以波或微粒的形式发出的能量。地球上的所有生命都依赖于辐射。辐射有多种形式,最熟悉的是可见光(我们眼睛能够看到的光),例如来自太阳或手电筒的光。辐射还来自壁炉的热量、手机和无线互联网接入信号,以及用于烹饪食物的微波。

当能量从一个地方移动到另一个地方时,就会发生辐射,称为原子和分子的微粒释放出辐射以消除多余的能量。当辐射遇到物质时,它会将部分或全部能量转移到这个物质上。通常,能量以热量的形式提高物质的温度。除可见光外,大多数辐射对人来说都是不可见的。

有两种主要的辐射类型。一种称为电磁辐射,它仅由能量构成。所有已加热的物质都会发出电磁辐射,光、热和 X 射线都是电磁辐射的例子。

另一种称为粒子辐射,它由微小的物质组成。电子和质子(原子中发现的两种粒子)构成了粒子辐射。粒子辐射通常来自放射性物质,这些材料由于其原子的变化而释放辐射。另一种类型的粒子辐射来自某些核反应,例如太阳深处的核反应。另外,核电站中的反应也释放粒子辐射以及产生电力所需的热量。

辐射有很多用途。医生使用 X 射线找到骨折点和身体其他问题。食品工业使用低剂量的辐射来杀死某些食物中的细菌。

核电站从核裂变中获取能量。核裂变是原子核的分裂，裂变释放出大量的辐射。一些辐射产生大量热量，这种热量用于将水变成蒸汽。然后，该蒸汽推动称为涡轮机的机器产生电力。

某些形式的辐射可能是危险的。来自太阳的光有助于植物和其他生物的生长，它会使地球变暖，但也会引起晒伤和皮肤癌。核电站产生电能，但它们也产生放射性废物，这会伤害生物。

辐射会损害身体的细胞，它可能导致细胞以不寻常的方式发生变化或死亡。在日常生活中接受的辐射剂量很小并不会造成很大的直接损害，但累积的小剂量可导致癌症或先天性缺陷。科学家对辐射的理解随着时间的推移而发生了变化。1864 年，英国科学家麦克斯韦(James Clerk Maxwell) 表示，光是电磁辐射。

后来，科学家发现了其他形式的电磁辐射。在 19 世纪 90 年代，法国科学家贝可勒尔 (Antoine Henri Becquerel) 和居里夫妇 (Marie Curie, Pierre Curie) 发现了天然放射性物质。

技术人员正在使用仪器测量大气中的辐射。

延伸阅读： 电磁波谱；红外线；光；微波；核能；无线电波；紫外线；波；X 射线。

腐蚀

Corrosion

腐蚀是气体或液体通过化学作用对材料产生的破坏。腐蚀主要发生在金属中。锈蚀是最常见的腐蚀形式，钢铁暴露于水或潮湿的空气中时就会形成一种棕褐色物质。

并非所有的腐蚀都是有害的。潮湿的空气会迅速腐蚀铝，形成一种叫作氧化铝的化学物质。这层腐蚀能保护铝免受空气或水的进一步破坏。

腐蚀的类型和强度取决于金属和引起反应的物质。影响腐蚀的其他因素包括金属中的裂纹和材料的温度。如果腐蚀性材料高速撞击金属，其腐蚀性就会更强。

腐蚀生锈的轮子。

延伸阅读： 金属；锈。

G

钙

Calcium

20	Ca	2 8 8 2
钙		
40.078		

钙是一种柔软的银白色金属元素，也是地球上最常见的金属之一。钙在石灰石和大理石等岩石中存在最为广泛。在自然界中，钙只能与化合物中的其他化学元素一起被发现，而化合物是由两种以上的原子组成的。

人们使用钙和钙化合物来制造许多东西，比如一些合金，即不同种类金属的混合物。钙化合物还常用于制造水泥、肥料和油漆。此外，钙化合物也用于制造皮革和汽油。

钙也是一种对所有生物都很重要的营养素。它是许多动物贝壳、骨骼和牙齿的主要组成部分。古埃及人、希腊人和罗马人使用钙化合物制造砂浆，一种将砖块或石头固定在一起的建筑材料。1808 年，英国化学家戴维（Humphry Davy）爵士成为第一个获得纯钙的人。

延伸阅读： 合金；化学元素；金属。

食物中的钙含量		
食物种类	分量	钙含量（毫克）
牛奶		
脱脂、低脂、全脂牛奶	1 杯	300
低乳糖牛奶	1 杯	250
强化豆奶	1 杯	280
酸奶		
低脂纯酸奶	1 杯	415
低脂水果酸奶	1 杯	343
冰冻酸奶	1 杯	200
冰淇淋或冰牛奶	**1 杯**	**190**
奶酪		
瑞士干酪	1 盎司	245
车达干酪	1 盎司	205
意大利干酪	1 盎司	185
美洲干酪	1 盎司	175
意大利乳清干酪	1/2 杯	335
低脂松软干酪	1/2 杯	80
沙丁鱼罐头（带骨）	**3 盎司**	**325**
西兰花	**1 杯**	**100**
钙强化橙汁	**1 杯**	**350**

注：1 杯 ≈ 237 毫升；1 盎司 ≈ 28 克。

该表中列出的食物含有丰富的钙。根据美国食品和营养委员会的数据，9 ~ 18 岁的儿童每天应摄入 1 300 毫克的钙。

概率

Probability

概率是数学的一个分支，它反映随机事件发生的可能性。如果某些事件的概率越大，那么它就越有可能发生。

如果你抛掷一枚硬币，它会正面向上或背面向上。硬币正面着地的可能性和背面着地的可能性一样。所以我们说它正面着地的可能性是 1/2 或 50%。无论硬币被抛掷多少次，这种概率都适用于硬币的每次抛掷。即使硬币连续三次正面着地，概率也不会改变，在第四次抛掷时，硬币同样可能以任何方式着地。

概率是统计学的科学基础。研究统计学的人称为统计学家。统计学家使用概率来帮助预测许多事情。例如，他们可能会尝试预测投票给政治候选人或购买某种软饮料的人数。

■ 延伸阅读：数学；统计。

当你掷硬币时，不管掷多少次，硬币正面朝上和背面朝上的概率都是一样的。

干冰

Dry ice

干冰是固体二氧化碳。在自然界中，二氧化碳通常是气体，它在非常低的温度下会变成固体。在室温下，干冰将直接转变为气体，它不会先融化成液体。固体直接转化为气体的过程称为升华。

工厂制造的干冰为雪花状薄片或块状。它用于运输或储存时冷藏食物。它还用于电影和摇滚音乐会，以产生旋转的云雾。化学家在某些反应过程中会使用干冰来冷却化学物质。

干冰的凝结温度为 $-78.5\ ℃$。这比普通水的凝结温度低得多。所以处理干冰必须小心，因为它很容易引起冻伤。

■ 延伸阅读：碳；冰；升华。

干冰在水中会形成二氧化碳气泡（未加保护地处理干冰会导致冻伤）。

干扰

Interference

物理学是研究物质和能量的学科,而干扰是物理学中使用的术语。当两个相同类型的波通过同一空间时会发生干扰。干扰发生在各种波中,包括声波、光波、无线电波和水波。它会使波在某些地方变得比其他地方更强。

科学家研究了干扰以了解光的本质以及原子和分子的结构。干扰还有许多其他用途。它用于控制无线电传输的发送和接收,光波的干涉用于产生称为全息图的三维图像。

延伸阅读: 光;波。

使用光波的干涉产生人的全息图(三维图像)。

铬

Chromium

24	Cr	2
	铬	8
		13
51.9961		1

铬是一种化学元素。它是一种柔软的灰色金属。铬的符号是 Cr,在自然界中,铬几乎总是与铬铁矿中的铁和氧结合。

铬被抛光时色泽亮丽。它通常被用来涂覆于其他金属之上,使其有光泽。例如,一些汽车的门把手和保险杠涂有铬。

可以将铬添加到钢中以使其更硬。铬钢常用于制作船舶和坦克的装甲板,它还用于制造硬切削刀具。含有一定量铬的钢称为不锈钢。不锈钢不易生锈,常用于制作刀具、叉子、勺子和其他厨房用品。

延伸阅读: 化学元素;金属。

叉子和其他餐具通常用不锈钢制成。不锈钢是含一定量铬的钢。

公制系统

Metric system

公制系统是一组用于测量长度、面积、体积、重量和温度的单位。美国是世界上唯一不使用公制系统进行大多数商业活动和日常测量的主要国家。美国使用英制系统。但是，美国的科学家和许多工程师使用公制系统。

在公制系统中，米是度量长度和面积的主要单位。1 米等于 39.370 英寸。毫米和厘米用于度量小于 1 米的长度。千米度量更长的距离。公制系统使用升和毫升来度量体积。1 升等于 0.057 夸脱。重量以克和千克为单位。1 千克等于 2.205 磅。温度以摄氏度为单位。0 摄氏度等于 32 华氏度。

一群法国科学家在 1790 年创建了公制系统。从那以后，系统已经多次改变。今天使用的系统名称是国际单位制。它通常简称为 SI。

延伸阅读： 摄氏温标；米；温度；度量衡。

公制换算表		
已知英制	倍率	公制结果
长度和距离		
英寸	2.54	厘米
英尺	30.48	厘米
码	0.914 4	米
英里	1.609	千米
体积（液体）		
液盎司	29.57	毫升
品脱（美）	0.473 2	升
重量和质量		
盎司	28.350	克
磅	0.453 6	千克
温度		
华氏度（℉）	减 32 后的 5/9	摄氏度（℃）

英制系统中的常用测量值可以转换为公制单位。查找左侧列中的单位，并将测量值乘以中间列中的数字，就得到右侧列中显示公制单位的数。

公制系统中长度和距离的所有单位均为 10 的倍数，以米为基本单位。其他常用单位包括毫米、厘米和千米。

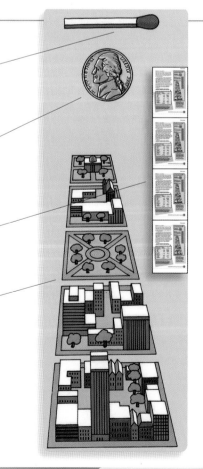

1 毫米大约是纸火柴的厚度

1 厘米大约是 5 美分硬币的半径

1 米大约是四页《发现科学百科全书》从上到下的长度

1 千米大约是五个街区的长度

功

Work

阻力是一种阻碍物体运动的力，当一个力克服阻力使物体移动一段距离就做了功。阻力的一个例子是摩擦。当一个物体被推或拉过另一个物体时，摩擦力是使两个物体发生相互抵制的原因。重力将地球表面附近的物体拉向其中心，也会产生阻力。功可以由人、机器或产生引起运动的力的其他事物来完成。公制系统使用称为焦耳的单位计量功。

有两个因素决定了力做了多少功。一个因素是使用的力，另一个是物体移动的距离。在物理学中，只有当力大到能够移动物体时才会做功。当人们从一个地方抬起、推动或拉动物体时，人们会做功。人们在旋转物体时也会做功，例如旋紧罐盖。功与力不同。当人们在没有移动物体的情况下握住物体时，人们不会做功——即使他们可能会感到疲倦。

延伸阅读： 力；摩擦；引力；运动。

当力移动物体时做功。推和拉是改变物体运动的力的类型。当你推动手推车时，你正在做功。

当人们抬起一件物品时，例如一件家具，人们也会做功。

汞

Mercury

汞是一种银色金属。它也是一种化学元素。

汞是一种不同寻常的金属，因为它在室温下是液体。人们有时会将汞称为水银，因为它像银一样有光泽，并且容易快速流动。汞有许多有用的属性。例如，它在被加热或冷却时会均匀膨胀或收缩；它在很大的温度范围内仍保持液态，不会粘在玻璃上。汞传导电流。它常用于无噪声和高效运行的电气开关和继电器中。汞蒸气可用于某些类型的灯，如荧光灯。

汞对人体有毒。液态汞不易通过皮肤或消化系统吸收，然而，与某些其他化学物质混合的汞很容易进入体内。

汞曾经广泛用于工业。今天，许多国家限制汞化合物的工业用途，并禁止倾倒含有汞的废物。但是，汞仍然存在于环境中。

延伸阅读： 化学元素；金属。

汞在室温下是银色液体（右）。大多数汞来自朱砂矿物（左）。

古戈尔

Googol

古戈尔是一个非常大的数字，写作 1 后面跟着 100 个 0。一个古戈尔也写作 10^{100}，它表示 100 个 10 相乘。

古戈尔普勒克斯是一个远远大于古戈尔的相关数字。古戈尔普勒克斯可以写成 1 后跟着 1 古戈尔个零。写出这个数字需要的纸张比我们已知的宇宙直径还长。

古戈尔是由美国数学家爱德华·凯斯纳于 1938 年提出的。

延伸阅读： 数；零。

钴

Cobalt

钴是一种银白色的金属，它在某些方面类似于铁。两者都很硬，可以被磁铁吸引，但钴在地球上很罕见。

钴主要用于制造合金，它可以与铁、铝、镍和其他金属混合。这些合金中的一些非常硬。钴合金用于制造可切割金属的锯和钻头。其他钴合金可以在高温下保持其形状，因此，它们用于喷气发动机内部。

钴也可以把东西变成亮蓝色。几千年来，它一直用于制作蓝色玻璃、陶器和油漆。

延伸阅读：合金；化学元素；金属。

钴是一种坚硬的银白色化学元素。

固体

Solid

我们周围看到的几乎所有物体和材料都是由物质构成的。固体是物质的三种基本状态之一。物质的另外两个基本状态是液体和气体。

固体具有特定的尺寸和形状，在空间上能够承受挤压。固体也不会像液体一样流动或像气体一样扩散。它们的分子不能像液体和气体中的分子一样自由移动。大多数固体由结合在一起的小晶体构成。

如果固体被加热到其熔点，就会变成液体。例如，冰加热到 0 ℃，将由固体变为液体的水。固体也可以直接变成气体或蒸气。这个过程叫作升华。

延伸阅读：沸点；凝固点；气体；液体；物质；熔点。

原子和分子在固体（中）的运动是有序的。当液体受冷以使其原子或分子以刚性排列时，形成固体。
气体中的原子或分子（右）以无序的方式运动。当气体中的原子或分子失去一定量的能量时就形成液体（左）。它们结合在一起，运动变得更加有序。

当水冻结成冰时，水从液体变为固体。

岩石是固体。具有固定的尺寸和形状，可以被分解。

惯性

Inertia

惯性是所有物质都具有的属性。由于惯性，除非外力作用在物体上，否则静止的物体会保持静止；除非外力改变物体的运动，否则惯性也使运动物体保持以相同的速度和相同的方向运动。只有外力才能使运动物体减速、加速、转弯或停止。

惯性的另一个规律是物体的质量越大，移动物体或改变物体的运动就越困难。质量是物体中物质的量，汽车比自行车质量大，因此，即使他们以相同的速度行驶，汽车停车也比自行车困难。

英国科学家牛顿爵士首先描述了惯性。他在 1687 年提出的第一运动定律中介绍了这一想法。

延伸阅读： 力；运动。

惯性使一个静止的物体保持静止，除非外力移动它。

保持位于手指末端的卡片上的硬币平衡。

现在将卡片从硬币下面快速抽出——不要碰硬币。

卡片被抽出，但惯性会使硬币停留在指尖上。

光

Light

光是一种能量，它有多种形式。人类只能看到其中的一小部分，该部分称为可见光。有些物体，包括太阳、路灯和台灯能发出可见光。我们看到物体是因为可见光从这些物体反射出来并进入我们的眼睛。在眼睛中，光线会导致化学和电变化，使我们可以看到物体。

所有形式的光都是电磁能，电磁能由称为光子的微小单个能量包组成。这种能以电磁波的电磁感应方式在空间自由传播。光波有波峰和波谷，就像海浪一样。连续两个波峰或波谷之间的距离称为波长。除可见光之外，电磁能还包括无线电波、红外线、紫外线、X 射线和伽马射线。大多数科学家认为微波也是一种无线电波。

太阳光是来自大自然的一种光。

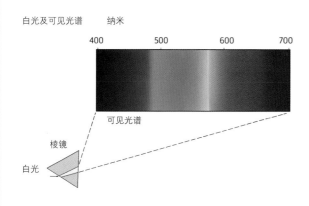

白光及可见光谱　　纳米

可见光谱

棱镜

白光

不同形式的光具有不同的波长。紫光具有我们可以看到的最短波长，红光是具有最长波长的可见光。紫外线的波长太短，不能被人眼看到。紫外线会导致人被晒黑和晒伤。红外线的波长有点太长也无法被人眼看到。红外线会让我们从阳光中感受到温暖。波长越短，波的能量越多。能量最少的无线电波对人们来说是无害的。具有最多能量的伽马射线可能对人体有害，即使是少量也是如此。

当白光穿过棱镜时，形成一条称为可见光谱的颜色带。可见光谱是我们可以看到的所有光的集合。棱镜弯曲最短的光波是紫色的，弯曲最长的波是红色的。所有其他颜色的波介于两者之间。可见光波的长度以纳米为单位。一纳米是十亿分之一米。

从最长端的无线电波到最短端的伽马射线的整个波长范围称为电磁频谱。彩虹是一束可见光，它可以通过棱镜获得。棱镜能弯曲并改变通过它的白光射线的方向，这种弯曲称为折射，产生彩虹的颜色。

任何物体都可以吸收和发射电磁能。物体释放的能量谱取决于其化学成分和温度。通过研究物体（如恒星）的光谱，科学家们可以确定其构成和温度。他们搜索由特定种类的原子或分子产生的特定波长的光，然后，他们将这些波长与地球上相同原子或分子发出的波长进行比较。

大多数可见光来自原子内微小粒子电子的作用。光是由从外部获得能量的电子产生的，它们可能吸收了来自其他来源的光。它们也可能被其他粒子撞击，具有这种"通电"电子的原子被称为"激发"。通常，原子短暂地保持激发状态，它几乎在吸收能量后立刻释放出能量。它可以将能量转移到碰撞中的另一个原子，它还可以发射可见光或其他种类电磁能量的光子，光带走了额外的能量。大多数人造光源发出的能量由电力提供。

德国出生的美国科学家爱因斯坦的计算预测，没有任何物体或信息单位可以比光更快地传播。在空旷的空间，光以每秒 3×10^5 千米的速度传播。

延伸阅读： 颜色；电磁波谱；光速；光子；彩虹；波长；白光。

来自人们制造的光，例如手电筒发射的光，被称为人造光。

当阳光穿过棱镜时，它会分离成彩虹的所有颜色。

光反射

当你站在灯光和墙壁之间时,你的身体阻挡光线,阴影落在墙壁上。这告诉你光线以直线传播。当你慢慢地从一侧转到另一侧时,请握住镜子并观察它。你看到了什么? 关于光会告诉你什么? 这个实验将为您提供一些线索。

你需要准备:

- 剪刀
- 一块硬纸板
- 一把梳子
- 胶带
- 一面小镜子
- 一张桌子或架子
- 手电筒
- 钢笔或铅笔
- 纸

1. 在纸板上挖一个孔,直径约 2.5 厘米。将梳子粘在板上,使梳子的齿盖住孔。

2. 在黑暗的房间或壁橱中,将纸板粘贴在桌子或架子上,梳子的齿放在纸板表面。

3. 将镜子放在桌子或架子上,与纸板表面一侧成一定角度。

4. 将手电筒从纸板上的孔朝向镜子照射,然后看纸板表面。你是否看到梳齿上有不同的光线? 光线遇到镜子时的方向是什么? 它们会向梳子反射,还是向另一个方向反射? 写下或画出你看到的现象。

5. 将镜子转到几个不同的角度,每次都重复步骤4。你注意到光线的路径是什么? 写下或画出你看到的现象。

这是怎么回事:

光线以与镜子相同的角度从镜子反射,但方向相反。

光速

Speed of Light

光速是光线传播的速度。在灯打开的瞬间，光似乎立刻照亮整个房间。但光线实际上需要一些时间来移动。光速是物理学中最重要的数值之一。

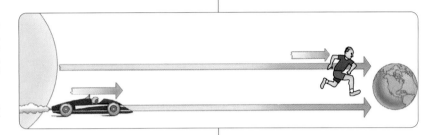

如果这个男孩是光线，他可以在8分钟内从地球到达太阳。每小时行驶1 000千米的赛车需要17年才能完成同样的路程。

太空中的光速为每秒 $3×10^5$ 千米。在这个速度下，光可以在1秒钟内绕地球表面7次。

光从太阳到达地球需要8分钟。当我们看到太阳时，我们其实看到了8分钟前的太阳。从遥远的星系到达我们的望远镜的光可能已经经过了数百万甚至数十亿年。我们看到的星系实际上是很久以前的。它们甚至可能已经不存在了。

光速不取决于光源的运动。例如，一个运动着的手电筒的光与不运动的手电筒的光具有相同的速度。

延伸阅读：光；相对论。

光学

Optics

光学是研究光的学科。在某些方面，光就像波浪一样。在另一些方面，它又像非常小的粒子在直线上移动。在光学领域，科学家研究光如何产生和传输。他们还研究如何检测、测量和使用光。

光学包括可见光的研究。人眼可以看到可见光。光学还包括对许多其他种类光的研究，这些光线对人们来说是不可见的。

镜子和透镜的工作原理都是基于光学，它们被用于诸如双筒望远镜、照相机和望远镜之类的光学装置中。

光学分为三个主要分支。物理光学是研究光的波动性的学科。量子光学是研究光的粒子性的学科。几何光学涉及光学仪器的研究。

光学描述了光的行为方式。其中最重要的两个法则是反射和折射。

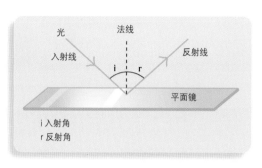

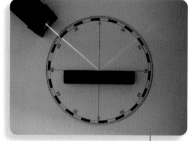

光线被光滑的表面反射。朝向表面的光线称为入射光线，被反射后的光线，称为反射光线，入射光线与称为法线的假想线形成一个角度。该角度等于反射光线所产生的角度。

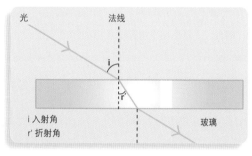

光线从一种物质进入另一种物质时，折射会使光线弯曲。如果进入物质时光线减慢，则光线向法线弯曲，折射角小于入射角，如果光在物质中传播得更快，则光线会远离法线。

光子

Photon

光子是一小束纯能量。所有形式的光都由光子组成。光子来自太阳和恒星等自然光源。它们也可以来自人们制造的手电筒、篝火和燃气灶等。光子没有质量不带电荷。光子构成所有形式的光或电磁能，电磁能包括 X 射线、红外线（热射线）和可见光。可见光是人类用眼睛看到的唯一电磁能量形式。光子在真空中移动的速度是光速。

对我们来说，可见光通常是白色的，但它实际上由许多颜色组成。特定光子的颜色取决于光子携带多少能量。例如，篝火的余烬看起来是红色或橙色，这是因为来自余烬的光子携带的能量比来自燃气灶蓝色火焰的光子少。

1900 年，德国物理学家普朗克率先提出了光粒子的存在。1905 年，德国出生的物理学家爱因斯坦提出光线是微粒子束。这些粒子后来被称为光子。

延伸阅读：爱因斯坦；电磁波谱；光；普朗克。

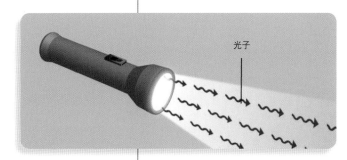

构成光和其他形式辐射的光子同时具有粒子性和波动性。光子穿过太空的速度（光速）是宇宙中物体运动的最快速度，达到每秒 300 000 千米。

硅

Silicon

14	Si	2 8 4
	硅	
	28.0855	

硅是一种坚硬的深灰色晶体，也是一种化学元素。硅是计算机芯片和其他电子设备的主要材料，也是世界上最重要的建筑材料之一。

硅广泛用于电子产品，因为它是半导体。半导体可以比玻璃和其他绝缘体（几乎不导电的材料）更容易传导电流。但硅又不像铜和其他导体那样容易地传导电流。半导体通过控制流过它们的微量电流来工作。

硅占地球地壳含量的 28% 左右。地壳中只有氧的含量比硅多。在自然界中，硅主要以氧化硅（也称二氧化硅）的形式存在。硅也存在于硅酸盐的化合物中，硅酸盐含有硅、氧和金属。

二氧化硅是砂子和玻璃的主要成分，它也常用于陶瓷产品和电子设备的制造。大多数岩石都是矿物硅酸盐。硅酸盐也可以制成石块、砖块和混凝土。瑞典化学家贝泽利乌斯（Jons J. Berzelius）于 1823 年发现了硅。他发明了使用字母作为化学元素符号的系统。硅的符号是 Si。

延伸阅读：化学元素。

硅晶片是一种用于电子产品的半导体材料薄片。

海市蜃楼

Mirage

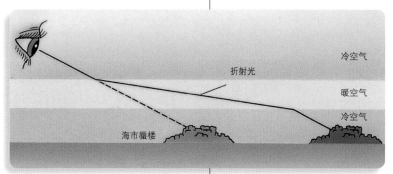

海市蜃楼可以通过光线在穿过不同密度的物质时发生折射而产生。在这张图中，来自遥远岩石的光线在从地表附近的冷空气传递到上面温暖、轻盈的空气时会折射。这会产生海市蜃楼，使岩石看起来比实际更近。

海市蜃楼是一种关于物体的幻觉;它们并不像看起来的那样，而是一种视错觉——也就是眼睛被欺骗了。例如，当一个人开车时，可能会发现海市蜃楼。司机可能会看到前方热而平整的道路上似乎有一汪水池，但是当司机到达那个地方时,水池就消失了。

海市蜃楼中出现的遥远物体可能看起来比实际距离更近，如山脉或船只，似乎漂浮在天空中。

被称为法塔莫干纳的幻觉是一种美丽的海市蜃楼。当一层热空气捕获来自远处物体的光线时，会发生这一现象。岩石或大块冰块等物体看起来就像一座童话般的城堡。

延伸阅读： 光；折射。

海水淡化

Desalination

海水淡化通常是指从海水中去除盐的过程。海洋中的水是咸的，但是人类和其他动物只能喝淡水，大多数植物也需要淡水。为了饮用和农业生产人们准备淡化海水。

有几种除盐方法：(1)蒸馏。煮沸海水，随着水变成蒸汽，盐被留下。当蒸汽冷却时，它再次变成液态水，就可以收集和使用淡水。这种方法已经使用了数千年。(2)反渗透。盐水在压力下被迫通过阻挡盐的特殊屏障，人们在屏障的另一侧收集淡水。(3)电渗析。电渗析主要用于淡化微咸的地下水和河口的水。在电渗析中，电流将盐与水分离。所有脱盐方法都是昂贵的，主要是因为脱盐工厂使用大量的能量，而生产这些能量是昂贵的。

延伸阅读： 蒸馏。

海水淡化厂使用反渗法透生产淡水。

氦

Helium

2	He	2
	氦	
	4.002602	

氦是一种轻质气体，也是一种化学元素。除氢外，氦的质量低于任何其他化学元素。

氦只占地球的一小部分。但是，它是宇宙中最常见的元素之一。太阳和其他恒星主要由氦和氢组成，这些恒星的能量来源于氢原子聚合形成氦原子的过程。这个过程也为氢弹提供了能量。

1868 年，两名科学家使用光谱仪发现了太阳中的氦。光谱仪是一个可以展开可见光并将它们显示出来以供研究的设备。氦这个名字来自希腊语中的 sun。1895 年，科学家首次在地球上发现了氦。

科学家使用氦来使火箭保持恰当的压力。呼吸困难的人必须吸入氦气和氧气的混合物。氦气在工业中也用于焊接。

延伸阅读：化学元素；聚变；气体；氢。

氦气有很多用途。这些潜水员准备了充满氦气和氧气混合物的气罐。呼吸这种混合物可防止由深海潜水压力引起的某种疾病。

合金

Alloy

合金是一种金属与一种或多种其他物质的混合物。合金中的主要金属称为基础金属。添加到合金中的材料可以是金属，也可以是非金属。

合金的性能与其基础金属不同。良好的合金可使基础金属更硬或更坚固。例如，钢是铁与少量碳混合而成的合金，但钢比铁强得多。不锈钢是铁与铬的合金，而不锈钢制成的东西不会生锈。

美国人日常使用的硬币由合金制成。1 美分的硬币是铜芯镀锌。5 美分的镍币含有铜和镍。10 美分、25 美分和 50 美分是铜芯涂铜镍合金。

人们冶炼和使用合金已有数千年。第一种合金是青铜，是铜和锡的混合物。大约5500 年前人们首次制作了青铜器。

　　■ 延伸阅读：铬；金属。

核能

Nuclear energy

核能是由原子核的变化释放的巨大能量。原子是微小的物质，原子核的变化称为核反应。核反应可以分裂原子核，这种反应称为裂变。而在聚变反应中，两个或多个原子核被组合起来。核反应释放出巨大的能量，太阳的热和光就来自核反应。

1942 年，科学家首次在芝加哥大学大规模释放核能。这一成就促进了原子弹的发展。在第二次世界大战期间，美国在广岛和长崎投下了两枚核弹，杀死了成千上万的人。

战争结束后，科学家们开始和平利用核能，其中一个重要的用途是生产电力。许多国家建造了核电站。像许多其他发电厂一样，核电站通过热量产生电力。但核电站不是燃烧煤或石油等燃料，而是在称为核反应堆的大型机器中产生热量。核反应堆产生裂变反应，它们将特殊铀和钚原

核裂变反应中，中子撞击重元素（如铀）的原子核，将其分成两个不同的部分。反应过程中释放出能量和更多的中子，然后这些中子可以撞击并分裂其他铀原子核，从而产生链式反应。

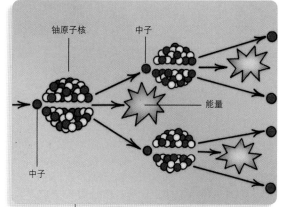

核电厂中的核裂变链式反应发生在反应堆容器中。裂变反应加热在高压下流过反应堆堆芯的水。热水通过管道流到蒸汽发生器，在那里水变成蒸汽。蒸汽推动涡轮机，为发电机提供动力以产生电能。最后，蒸汽进入冷凝器，在那里冷却并变成液体。然后这些水被重新使用。

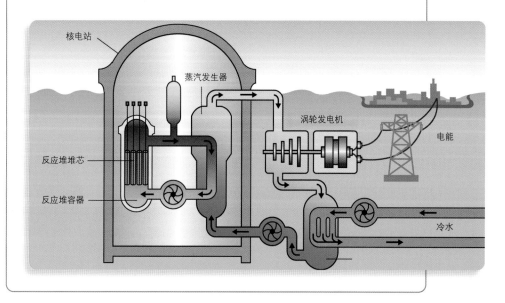

子的原子核分开。

核反应堆中的裂变反应产生的不仅仅是热量，它们还产生放射性原子。放射性原子衰变，释放出看不见的能量和粒子。这被称为核辐射。大量的核辐射会伤害或杀死生物。铀和钚具有放射性，铀和钚分裂产生的许多原子也是如此。

核反应堆被密封在建筑物内，因此辐射不会泄漏。核裂变反应释放出大量的热量，如果积聚太多热量，反应器的部分会熔化甚至爆炸，造成很大的危害。核反应堆有一种名为控制棒的特殊装置，可以快速阻止裂变反应。但即使裂变停止，反应堆仍含有放射性物质。在反应堆关闭后很长时间内，这种材料的辐射也会产生大量的热量，必须用流动的水不断冷却反应器，防止它们过热。

核电厂利用受控核反应的热量产生蒸汽，然后用于产生电能。

1979 年在美国宾夕法尼亚州三哩岛核电站发生了一起严重核事故。1986 年，乌克兰切尔诺贝利核电站发生了更严重的核事故。乌克兰当时是苏联的一部分。切尔诺贝利核反应堆的爆炸和火灾广泛传播放射性物质，使许多人患病。苏联领导人报告说，31 人因事故死亡。之后因放射性物质泄漏到周边地区而导致数以千计的人死亡。

2011 年 3 月 11 日，日本因福岛第一核电站而遭遇核危机。这场危机是由于日本东海岸发生的巨大地震造成的。地震引发了大规模的海啸，淹没了发电厂。工厂的冷却棒阻止了裂变反应。但海啸摧毁了工厂的冷却系统。来自核辐射的热量引起多次爆炸，造成放射性物质广泛泄漏。

直到 19 世纪后期，科学家对核能仍然一无所知。1896 年，法国科学家贝可勒尔 (Antoine Henri Becquerel) 发现铀是放射性的，科学家们才开始研究这种神秘的能量来源。

在 20 世纪初期，英国科学家卢瑟福 (Ernest Rutherford) 发现了原子的原子核。很快，其他科学家开始做实验，看看当原子核相互撞击时会发生什么。科学家在这些实验中使用了铀。当铀核分裂时，它就会产生能量。

1952 年，科学家在核武器试验中创造了第一个聚变反应。但只有裂变反应被用来产生电力，科学家还没有弄清楚如何在发电厂中控制更强大的聚变反应。

延伸阅读： 原子；链式反应；裂变；聚变；原子核；辐射。

核物理

Nuclear physics

核物理是研究原子核的学科,始于20世纪对放射性物质镭和铀的研究。当原子衰变时,放射性物质会释放出不可见的光、热或其他能量。研究核物理学的科学家称为核物理学家。

核物理学家研究了三种主要的核反应。它们是放射性衰变、裂变和聚变。裂变是一个原子核分裂成两个较小的原子核。聚变是两个原子核的结合,以形成更大的原子核。聚变和裂变都释放出比衰变大得多的能量。

核物理以不同的方式帮助人们。一些医生使用放射性同位素(化学元素的放射性形式)来检查心脏问题。他们将放射性物质注入患者的血液中。当物质在患者心脏中移动时,他们可以追踪这些物质。其他医生使用辐射治疗癌症。

核裂变可用于生产电力。多年来,科学家们一直试图找到一种利用核聚变来安全发电的方法。太阳的能量来自核聚变,而核武器通过裂变和聚变反应获得能量。

一些科学家使用核物理学来进行放射性碳年代测定。这一方法有助于确定化石和其他曾经有生命的遗骸的年龄。

延伸阅读:原子;裂变;聚变;核能;原子核;物理;辐射。

回旋加速器是一种加速带电粒子到高能量的机器。这是1939年在加州大学伯克利分校劳伦斯辐射实验室的回旋加速器。

赫(兹)

Hertz

波或振动的频率是一定时间内的循环次数,循环是一个完整的周期运动,而赫(兹)是波或振动频率的度量。一

音叉是用于调整乐器的装置。它产生单一频率的声音,即叉子振动的速率。频率以称为赫兹的单位测量。

赫（兹）等于每秒一个周期。赫（兹）的符号是 Hz。

　　产生周期波的物体包括调音叉、人类声带和无线电发射器。音符"A"的频率为 440 赫。即波每秒经历 440 个周期。无线电波可能具有数百万赫的频率。

　　赫兹的概念于 1960 年由一个国际科学家小组在度量衡大会上通过。它以德国科学家海因里希·赫兹 (Heinrich R.Hertz) 的姓氏命名。

　　延伸阅读：频率；声音；振动；波长。

一赫兹等于每秒一个周期（振动）。该图显示了人和一些动物可以发出和接听的频率范围（以赫为单位）。许多动物听到的频率远高于人们听到的频率。

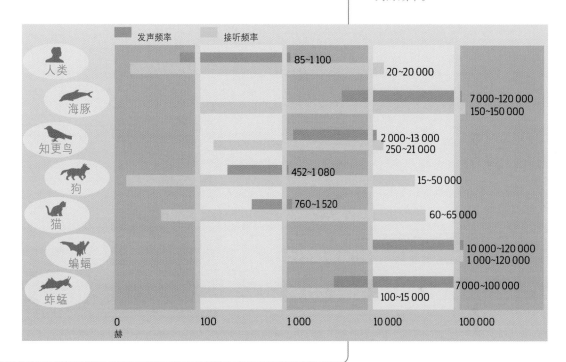

赫兹

Hertz, Heinrich Rudolf

赫兹

　　在 19 世纪 80 年代，赫兹证明了电磁波的存在。海因里希·鲁道夫·赫兹 (1857—1894) 是德国物理学家。可见光、无线电波和 X 射线是各种不同的电磁波。赫兹的发现使后来的科学家发明了无线电、电视和雷达。1864 年英国科学家麦克斯韦曾预言电磁波的存在。

　　赫兹出生于德国汉堡。一种称为赫（兹）的度量单位以他的姓氏命名。赫（兹）用于测量波和振动的频率。

延伸阅读： 赫（兹）；波。

红外线

Infrared rays

　　红外线是人眼无法看到的一种能量形式。红外线也称为热射线或热辐射。热的物体因其热量而发射红外线。

　　随着物体温度的升高，它会发出更多的红外线。如果温度变得非常高，除了红外线外，物体还发射可见光。

　　英国天文学家赫歇尔（William Herschel）爵士于1800年发现了红外线。他用棱镜分光。棱镜是使白光发生色散的物体。赫歇尔用温度计测量了光谱各个部分的温度。他注意到在没有可见光的地方存在超过红光末端光谱的高温区，他意识到这种热量来自不可见射线。

延伸阅读： 电磁波谱；热；辐射。

红外摄影用于显示热源。这张红外照片显示了从房屋逃逸并从其表面辐射的热量。黄色和红色区域是最温暖的。绿色和黑色区域是最冷的。

华伦海特

Fahrenheit, Gabriel Daniel

　　加布里埃尔·丹尼尔·华伦海特（1686—1736）是德国科学家。他发明了华氏温标。华氏温度计还通过使用液态汞代替温度计管中酒精和水的混合物，使温度计更加准确。与酒精和水的混合物不同，纯汞的成分是相同的。因此，汞温度计可提供更可靠的测量。

　　华氏温标分为许多相等的部分，称为度数。华氏度的符号是℉。为了确定标准，华氏温度规定了三个固定温度。以一种盐和冰水混合物的温度的零点，即 0 ℉；纯水的凝固点为 32 ℉；水的沸点为 212 ℉。美国通常使用华氏温标来度量温度。

大多数其他国家和地区使用摄氏温标。

延伸阅读：华氏温标；温度。

华氏温标

Fahrenheit scale

华氏温标是一种度量温度的方法。该温标是德国科学家华伦海特在 18 世纪初发明的。

美国通常用华氏温标测量温度。在大多数其他国家和地区使用另一种温标，称为摄氏温标。摄氏温标是度量系统的一部分。华氏温标分为许多相等的部分，这些相等的部分称为度数。华氏度的符号是℉。在这个标度上，32 ℉ 是水的凝固点，这是水变成冰的温度。水的沸点是 212 ℉，这是水变成蒸汽的温度。

延伸阅读：摄氏温标；华伦海特；温度。

华氏温标显示在该温度计的左侧。摄氏温标显示在右侧。

化合物

Compound

化合物是由两种或多种不同类型的原子键合在一起而构成的物质。世界上有数百万种不同的化合物。

水是一种含有化学元素氢和氧的化合物。每个水分子由两个氢原子与一个氧原子结合而成。水的化学式是 H_2O，每种化合物都有自己的化学式。其他常见的化合物包括盐和糖。

延伸阅读：化学键；分子。

化学

Chemistry

化学是研究构成我们的世界和宇宙其他部分的物质的学科。这些物质被称为化学物质，研究化学的科学家称为化学家。化学家试图理解和解释化学物质的性质。他们研究化学物质如何在不同条件下（例如在不同温度下）起作用。化学家们还研究了两种或多种化学物质混合在一起时的表现。例如，化学家可以尝试将某些化学物质结合起来制造新的化学物质。

化学家的主要目标之一是了解化学反应。这些反应不断发生在所有生物中，包括人体。例如，我们吃的食物中的化学物质会经历体内的许多化学反应。这些反应为人体提供工作和娱乐的能量。化学反应也发生在空气、土壤甚至地球深处。在钢结构桥梁或汽车上形成锈是一种化学反应，当铁与空气中的氧结合时，就会发生这种情况。木材燃烧时发生化学反应，变成灰烬和气体。

化学家们创造了许多自然界中不存在的有用物质。化学研究产生的产品包括许多人造纤维、药物、染料、肥料和塑料。

人们一直在观察和利用化学反应，其历史超过150万年。火是人类最早学会有意识地生产和控制的化学反应之一。

延伸阅读： 化学物质；化学反应。

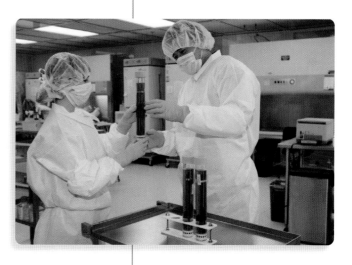

一种或多种物质能在化学反应中转化为别的物质。化学家正努力探索化学反应。

高中生在化学课上进行实验。

化学反应

Chemical reaction

当一种或多种物质变成不同的物质时，就会发生化学反应。化学反应涉及被称为原子和分子的微小物质。

一个分子由两个或多个原子通过化学键的吸引力结合在一起而组成。化学键是由电子（带负电的粒子）绕着带正电的原子核周围旋转而形成的，它将宇宙中由原子组成的每种物质结合在一起。

在化学反应过程中，化学键可以被破坏，并且可以形成新的键。形成分子的原子重新排列以形成新的分子。许多物质，包括玻璃、岩石、铂和水，都强烈抵抗化学反应。但是，所有物质在某些条件下都能发生化学反应。

化学反应随处可见。一些化学反应很快，如烟花爆炸。其他一些化学反应是缓慢的，例如金属的生锈。生物通过许多不同的化学反应来生长和生活。燃烧煤、汽油或天然气等燃料是一种特殊的化学反应，称为"燃烧"。

科学家用特殊的字母和符号描述化学反应。例如，以下描述了天然气的主要部分——甲烷的燃烧：

CH_4（甲烷）$+2O_2$（氧）$\rightarrow CO_2$（二氧化碳）$+2H_2O$（水）

这意味着1分子甲烷和2分子氧气一起反应形成1分子二氧化碳气体和2分子水。

延伸阅读：原子；燃烧；分子；锈。

烟花在火花引发的快速化学反应中爆炸。火花点燃产生热量的化学反应。热量引起链式反应，迅速点燃烟花中的其他物质。

锈是由缓慢的化学反应产生的，不需要火花来引发。该反应仅需要氧气、水和铁，但是加热可以加速这个过程。

化学反应：持续变化

　　将某些化学物质混合在一起可能会使它们变成不同的化学物质。该过程称为"化学反应"。两种化学物质的简单反应可能会产生一种或多种新的化学物质。新的化学物质具有与原先化学物质不同的特性。

　　化学反应通常需要引发才能开始。热是引发反应的常见方式。有时会添加一种叫作催化剂的化学物质。它可能有助于反应开始、加速，甚至产生不同于没有它们时产生的化学物质。

　　确定下列两个实验中是否涉及化学变化。在开始每个实验之前，请务必仔细检查物品。

你需要准备：

- 一条纸巾
- 一个碟子
- 醋
- 三个或更多硬币
- 纸
- 钢笔或铅笔

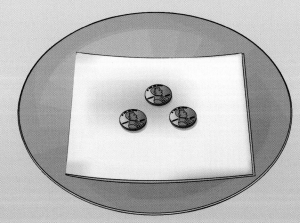

1.　将纸巾对折再对折，形成四层正方形。

2.　将折叠好的纸巾放在碟子上，在纸巾上倒上足够量的醋，使其彻底湿润。

3.　将硬币放在醋浸湿的纸巾上。按所设置图形摆放。

4.　等一天。然后检查硬币和纸巾，并记录你所看到的。是否发生化学变化？是什么让你这么想的？写下你的结论。

这是怎么回事：

　　在硬币上形成的绿色层显示出发生了化学变化。绿色层是醋酸铜，由硬币中的铜原子与醋中的酸结合而形成。

实 验

化学反应：热量变化

1. 将温度计放在罐子里。盖上盖子，等待 5 分钟。记录罐子里面的温度。

2. 将钢丝绒分成两个不相等的部分。将较小的部分放在干燥的地方。将较大部分浸泡在量杯或一碗醋中两分钟。

3. 挤出钢丝绒上多余的液体。然后将湿钢丝绒包裹在温度计的球泡周围。

4. 将温度计和湿钢丝绒放入罐中。盖上盖子。等 5 分钟，然后记录温度。将其与先前的温度读数进行比较。

5. 打开盖子，等待两三天。然后检查钢丝绒。将它与钢丝绒的未触及部分进行比较。有化学变化了吗？写下你是如何知道的。

你需要准备：

- 烹饪或户外温度计
- 带盖的透明玻璃罐（必须足够大以容纳温度计）
- 纸
- 钢笔或铅笔
- 剪刀（可选）
- 没有肥皂的钢丝绒
- 一个足以容纳钢丝绒的量杯或碗
- 醋

这是怎么回事：

　　钢丝绒中的铁与氧气之间的化学反应导致罐中钢丝绒生锈。当醋从钢丝绒上除去保护层时，这种反应成为可能。温度计显示反应释放出热量。

化学键

Chemical Bond

化学键是称为原子的微小物质之间的无形连接。化学键将原子连接在一起，形成新的物质。

化学键由称为电子的微粒的活动而形成。带有负电荷的电子围绕原子核运行。在一种化学键中，属于一个原子的电子与属于另一个原子的电子形成一对。然后原子共享电子，形成一个分子。这被称为共价键。在另一种化学键中，一个原子失去一个电子转移到另一个原子。以这种方式键合的原子称为离子化合物。并非所有的键都是纯共价键或离子键，许多键具有两种类型的特征。

延伸阅读： 原子；化学元素；离子。

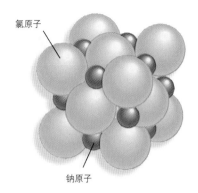

氯原子

钠原子

钠和氯原子形成离子键，形成氯化钠，即"食盐"。

化学物质

Chemical

构成生物和非生物物质的众多物质中的任何一种都是化学物质。所有化学物质都是由化学元素组成，而化学元素是仅含有一种原子的物质，原子则是物质的微粒。钙、金和氮都是化学元素。可以组合两种或更多种化学元素以形成化合物。

化学物质分天然和人造两种。例如，水是天然的化合物，它由化学元素氢和氧组成。食盐是另一种天然化合物，它含有化学元素钠和氯。人体中也含有多种天然化学物质。煤、天然气和石油是数百万年来由死亡植物和动物形成的天然化学物质。

化学家将天然化学物质结合起来制造多种人造化学物质。清洁用品、染料、涂料、塑料和许多药物都是人造化学物质的例子。

延伸阅读： 化合物；化学元素。

水是天然的化合物，它由化学元素氢和氧组成。

油漆是一种人造化合物，它是许多天然和其他人造化学物质的组合。

化学元素

Chemical Element

　　化学元素是仅由一种原子组成的物质。化学元素不能分解成更简单的物质,但它们可以结合起来形成其他物质。例如,水由两种化学元素:氢和氧连接在一起而成。这样的组合称为化合物。

　　化学元素有三种基本类型:金属、非金属和稀有气体。金是金属元素。构成我们周围空气的主要气体:氧气和氮气,是非金属元素。

　　惰性气体是不易与其他元素结合的气体,如氦气。科学家发现了大约 120 种化学元素,其中大多数存在于自然界中,但科学家们使用特殊设备合成了 20 多种新元素。

　　化学元素具有符号、数字以及名称。氧的符号是 O,金属钴的符号是 Co,元素的数字称为原子序数,它告诉我们这个原子的一些信息。钴的原子序数是 27,因为钴原子含有 27 个质子 (质子是在原子核内发现的物质粒子)。氧原子的核中有 8 个质子,所以氧的原子序数是 8。

　　科学家创建了一个图表来显示化学元素及其符号、数字和其他信息。此图表称为元素周期表。学者们普遍认为是俄罗斯化学家门捷列夫 (Dmitri Mendeleev) 于 1869 年发布了第一个现代元素周期表。随着科学家合成新元素,周期表扩大了。

　　延伸阅读: 原子;化学反应;化合物。

化学元素是仅有一种原子组成的物质。硫、金和铁都是化学业物质。

元素周期表中的每一项都列出了一个化学元素的基本信息。

已知的化学元素根据它们的特征排列在周期表中。

元素周期表
Periodic Table of the Elements

灰烬

Ash

灰烬是物体在火中燃烧后留下的粉状物质。木柴燃烧后，壁炉内可以找到灰烬。灰烬也来自燃烧的纸板、布料、煤炭、纸张和许多其他物质的残留物。

灰烬中有被烧毁材料的线索，这是因为来自燃烧材料的化学物质残留在灰烬中。例如，在烧焦的牛奶中可以找到一种叫作钙的化学物质。这是因为牛奶含有钙。同样，来自海藻燃烧的灰烬中含有一种叫作碘的化学物质。

大多数灰烬被扔掉了，但是某些灰烬可能是有用的。例如，木灰可以作为肥料添加到土壤中，以帮助某些树木和植物生长。

延伸阅读： 燃烧；火。

灰烬中含有化学物质，可以提供燃烧物质种类的线索。

回声

Echo

回声是遇到物体后反弹回其声源的声音。当我们喊叫时，声音在空气中传播。声波是在各个方向传播的看不见的波。来自呼喊的一些声波直接传到我们的耳朵，于是我们听到了自己的呼喊声。一些声波也可能遇到大型物体，例如建筑物的侧面，这些声波可能会反弹并再次到达我们的耳朵。这个声音就是回声。

有时我们听不到回声，是因为它们不够响亮。在其他时候，我们可能听到不止一个回声，这称为重复回声，它通常发生在山谷和峡谷中，那里有许多可以反射声音的地方。

延伸阅读： 反射；声音。

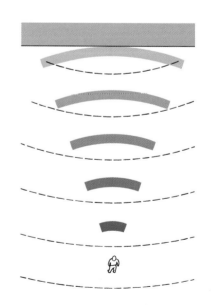

回声是从大型物体反射并回到你的耳朵的声音。

惠更斯

Huygens, Christiaan

克里斯蒂安·惠更斯（1629—1695）是荷兰天文学家、数学家和物理学家。在 1678 年，惠更斯提出光是由一系列波组成的。另一位科学家牛顿爵士认为光是由粒子组成的。今天，我们知道光既是粒子又是波。

惠更斯在其他领域也取得了重要进展。1651 年，他描述了一种测量圆形区域的新方法。他与他的兄弟君士坦丁（Constantijn）一起开发了更强大的望远镜。他还发现了土星的卫星——土卫六。他发现天文学家称之为"土星之臂"的是一个环。

欧洲航天局后来命名了一个太空探测器来纪念惠更斯发现土卫六。惠更斯探测器于 2005 年登陆土卫六，它由美国的卡西尼号太空船运载。

延伸阅读：光。

惠更斯

混沌理论

Chaos theory

混沌理论是研究表现方式意想不到的事物的理论。这些事物被称为"混沌系统"。天气就是一个例子。科学家们很难知道天气将会怎样。研究混沌理论可以帮助他们了解某些天气事件发生的可能性。科学家曾经认为他们可以准确地了解每一个系统是如何工作的，他们认为他们只是需要更多的信息来进行预测。但是混沌科学表明，人类很难预测非常复杂系统的长期行为。

美式桌球游戏是一个混沌系统的例子。想象一个球员击出一个球。预测球将朝哪个方向运动以及球将停在哪里是相当容易的。然而，每当球碰到另一个物体，例如另一个球或桌子的边框时，就越来越难以确定球接下来要去哪里。

一个普通的美式桌球游戏开始于 15 个组成三角形的球，一个球员用另一个球撞击三角形中的某个球，球在其他球之间引发一连串的碰撞。第一次撞击的微小变化可以以非常复杂的方式改变碰撞序列。由于这个原因，不可能预测所有 16 个球将朝哪个方向运动以及它们将停在哪里。这种复杂性是一个典型的混沌系统。

科学家有时可以预测混沌系统在短时间内的行为。例如，天气预报员可以对许多地方进行有用的五天预报。但混沌阻止了他们预测未来一年的天气。

延伸阅读：概率。

火

Fire

火是燃烧物质产生的光和热。燃烧是氧气与其他物质快速结合的结果。

要发生燃烧必须满足三个条件。首先，必须要有燃料。燃料是一种会燃烧的物质。其次，必须将燃料加热到一定温度。这是燃烧开始和得以维持的温度。第三，必须有足够的氧气，通常来自空气。

在空气中燃烧的物质几乎总是含有两种化学元素——碳和氢，或这些元素的组合。当燃料燃烧时，来自空气中的氧气与碳和氢结合。氧气与氢气和碳的结合产生了热量和火焰。燃烧产生的大部分能量都转化为热量，但也有一部分变成了光。

消防队员向在森林火灾中燃烧的树上喷洒水。

所有物质都不会以相同的方式燃烧。例如，木炭发出微弱的光。但是其他物质，例如煤、天然气、石油和木材，会通过火焰散发热量。火焰的颜色主要取决于燃烧材料的种类和温度。

早期人们用火来取暖。随着时间的推移，人们学会了以许多其他方式使用火。他们用火来做饭，制造武器和工具，并照明。今天，我们有比早期人类更好的方法来生火，我们在更多方面使用火。火提供了火车、轮船和飞机的动力。火用来制造电能，也用于焚烧垃圾。

火还可以摧毁许多东西。失控的燃烧（火灾）每年造成数千人死亡和数十亿美元的损失。

延伸阅读：灰烬；燃烧；燃料。

铁匠锻打在锻造炉中被火焰加热成红色的铁制装饰。

霍金

Hawking, Stephen William

斯蒂芬·威廉·霍金 (1942—2018) 是英国理论物理学家。理论物理学家研究世界是如何组合在一起的，以及它是如何变化的。

引力是将物体拉到一起的力量，霍金在引力方面取得了重要的发现。他的工作支持宇宙始于称为大爆炸的宇宙爆炸的理论。他还因其关于黑洞 (空间中看不见的天体) 的理论而闻名。黑洞的引力非常强大，即使光也不能逃脱。霍金是《时间简史：从大爆炸到黑洞》(1988) 一书的作者。

霍金出生于英国牛津。由于神经系统疾病，他不能说话和走路。他使用带有计算机语音机的轮椅，这种设备可以帮助他工作和旅行。

延伸阅读：引力。

霍金

霍奇金

Hodgkin, Dorothy Crowfoot

多萝西·克劳福特·霍奇金(1910—1994)是英国科学家。因确定维生素 B_{12} 分子的结构，她于 1964 年获得了诺贝尔化学奖。她的工作帮助其他科学家了解人体如何使用维生素 B_{12} 来制造红细胞并预防一种叫作恶性贫血的疾病。

她还研究、合成了许多其他化合物。化合物是由多于一种原子组成的物质。1969 年，她揭示了胰岛素的三维结构。胰岛素是一种用于治疗糖尿病的蛋白质。

她出生于埃及开罗。她于 1931 年毕业于牛津大学，并于 1934 年成为牛津大学教授。

延伸阅读：化合物。

霍奇金

J

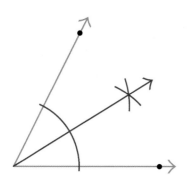

两等分角是基本的几何作图问题。

几何

Geometry

几何是数学的一个分支，是对线条、角度、曲线和形状的研究。其中形状可以是平面或立体的。平面形状包括圆形、正方形和三角形。立体形状包括立方体、球体和金字塔形。

很多人使用几何。例如，工程师和建筑师使用它来设计结构。几何也用于导航，帮助绘制从一个地方到另一个地方的路径。

几何是最古老的数学分支之一。它被古埃及人和巴比伦人使用。一位名叫欧几里得的古希腊数学家写了一本名为"原本"的书。几何这个词来自希腊语，意为测量地球。

延伸阅读： 欧几里得；几何形状。

几何形状

Geometric shapes

几何形状通常用于科学、艺术和建筑，以及许多其他领域。它们已经使用了数千年。

几何形状有两种基本形状：平面和立体。平面形状也称为二维形状，那是因为它们只有两个维度：高度和宽度。平面形状包括圆形、正方形、三角形和矩形。

立体形状也称为三维形状。除了高度和宽度之外，这些形状还具有深度（或厚度）。立体形状包括球体、立方体、圆锥体、圆柱体和金字塔形。

在自然界中可以看到许多几何形状。例如，蠕虫的形状像圆柱体或管子。地球的形状像球体。

几何是数学的一个分支，它处理几何体的形状、大小和位置。几何对许多工作都很重要，包括工程和物理。

延伸阅读： 圆；几何；正方形；三角形。

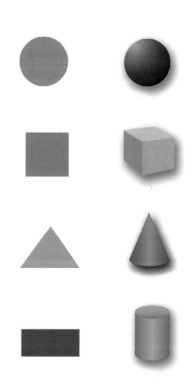

有两种基本的几何形状：平面形状和立体形状。

加法

Addition

加法是一种将两件或两件以上的东西放在一起以得到总共有多少东西的方法。要了解您添加了多少新东西，您可以将它们放在一起统计。只有相同的东西才能进行相加。加法的基本式子是加法实例。基本加法实例有 100 个。如果找到加法的模式就可以很容易地学会加法。学会了加法的模式就能够快速地做加法了。

你可以写一个这样的加法式子：

5+3=8。

我们说"五加三等于八"。

加法是算术中的四个基本运算之一。其他是除法、乘法和减法。

延伸阅读：除法；乘法；数；减法。

一组 5 个苹果

一组 3 个苹果

把两组放在一起就得到一个由 8 个苹果组成的新的组。

当您将两个或更多个组放在一起以找出其中共有多少时，就是做加法。

+	0	1	2	3	4	5	6	7	8	9
0	0	1	2	3	4	5	6	7	8	9
1	1	2	3	4	5	6	7	8	9	10
2	2	3	4	5	6	7	8	9	10	11
3	3	4	5	6	7	8	9	10	11	12
4	4	5	6	7	8	9	10	11	12	13
5	5	6	7	8	9	10	11	12	13	14
6	6	7	8	9	10	11	12	13	14	15
7	7	8	9	10	11	12	13	14	15	16
8	8	9	10	11	12	13	14	15	16	17
9	9	10	11	12	13	14	15	16	17	18

基本的加法实例可以排列在一个易于使用的表格中。例如，1 + 3，首先找到以 1 开头的行。然后找到以 3 开头的列。在行和列的交叉点，就是答案。

加速度

Acceleration

加速度是物体运动的速率或方向的变化。物体的速率和方向称为速度。加速度是指速度在一定时间内变化的程度。

想象有一辆在高速公路上直行的汽车。汽车的车速表显示这辆车每小时行驶 60 千米，踩油门踏板可以让车速更快。20 秒后，汽车每小时行驶 100 千米。这辆车在 20 秒内每小时加速 40 千米。我们可以说汽车的速度每加快 1 秒，平均每小时增加 2 千米。加速 1 秒后，汽车将以每小时 62 千米的速度行驶。2 秒钟后，将以每小时 64 千米的速度行驶。

汽车也会减速行驶。在物理学中，减速也被认为是一种加速。

方向的改变是另一种加速度。例如，月球以相当恒定的速度绕地球运行，但它不断加速，改变方向，以保持其近乎圆形的路径。

延伸阅读： 运动；速度。

当驾驶员踩下油门踏板时，汽车会加速。放慢速度也是一种加速，有时也称为减速。

甲烷

Methane

甲烷收集井用来收集垃圾填埋场的气体。甲烷也可以燃烧掉。

甲烷是一种无色无嗅的气体，由植物在空气很少的地方腐烂时形成。有时可以在沼泽地周围找到它，因此，它通常被称为沼气。甲烷也是导致矿井严重爆炸的沼气的主要成分。

甲烷是天然气的主要成分。能源公司采集天然气，人们使用天然气来为家庭供暖、提供电能和烹饪食物。化学工业使用甲烷作为许多其他化学品的原料。

甲烷极易燃烧并且非常危险。腐烂物质的区域可产生大量甲烷，其中一个这样的区域是垃圾填埋场。

经营垃圾填埋场的人必须小心避免危险的甲烷聚集。

延伸阅读： 气体。

钾

Potassium

19　K　2 8 8 1
钾
39.0983

钾是一种银色的金属化学元素，而化学元素是仅由一种原子构成的物质。钾是仅次于锂的第二软的金属。钾很柔软，甚可以用钝刀切割。

在自然界中，钾总是与其他化学元素结合以化合物的形式出现。大多数含钾化合物存在于岩石和黏土颗粒中。含钾化合物也存在于土壤中，植物需要钾才能生长。农民使用含钾的肥料（帮助植物生长的化学物质）来保持作物健康。

钾有许多其他用途。含钾化合物用于制造玻璃、火药、火柴、肥皂和各种药物。英国化学家戴维（Humphry Davy）爵士于1807年获得了第一批纯钾样本。

延伸阅读： 化学元素；金属。

在自然界中，钾总是与其他几种化学元素结合在一起。钾长石是一种浅色岩石，也含有铝、硅和氧。

减法

Subtraction

减法是从较大数值中剔除一些。你把它们带走以找出剩下多少。减法只能减去相同的东西。例如，你不能从大量书籍中减去一些苹果。减法是算术的四个基本运算之一。其他运算是加法、除法和乘法。减法问题的每个部分都有一个名称。答案是余数，也称为差。减去的数字是减数。去减减数的数

```
16 ←被减数
−5 ←减数
11 ←余数或差
```

减法运算有三个数字——一个被减数，一个减数和一个余数（也称为差）。

字称为被减数。例如，在等式 5−3=2 中，5 是被减数，3 是减数，2 是余数。

延伸阅读： 加法；数学。

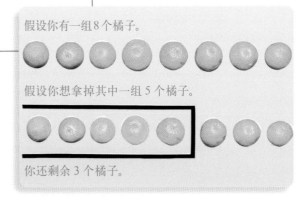

假设你有一组8个橘子。

假设你想拿掉其中一组 5 个橘子。

你还剩余 3 个橘子。

只能减去"同类的东西"。你不能从橘子中减去苹果。你只能从橘子中减去橘子。

碱

Base

化学是研究碱、酸、盐和其他化学物质的科学。化学中的碱是指与酸混合时产生盐的任何物质。酸是一种化学物质，味道酸，如果皮肤接触它们会引起烧灼感。

当碱在水中混合时，其触感很滑，味道很苦。您可以通过将一滴物质放在红色石蕊纸上来确定物质是否为碱。石蕊试纸是用特殊染料处理的纸张，如果物质是碱性，石蕊试纸会变成蓝色。

碱被用于称为抗酸剂的药物中，有助于治疗胃痛。

碱有很多用途：分解油脂的碱用于清除水槽中的堵塞物。碱被添加到许多软性肥皂中，使其易溶于水。名为抗酸剂的药物有助于对抗胃痛，也含有碱。

有些碱比其他碱的碱性强大得多。茶含有弱小的碱性，而强碱如碱液会灼伤皮肤。

酸中和碱。也就是说，在碱中加入相同强度的酸会削弱碱性，直到酸和碱平衡。

延伸阅读： 酸；石蕊。

实　验

测试酸和碱

当您向碱中添加相同强度的酸时，碱和酸会相互平衡。科学家说它们互相中和了。当胃里的酸太多时，人们会感到因消化不良而产生的疼痛。看消食片的说明书，你会发现它们含有碳酸氢钠，也叫小苏打。为什么这对胃痛有帮助？

找出辨别酸性还是碱性的解决方案。石蕊试纸可作为指标。

你需要准备：

- 6 个玻璃罐
- 1 茶匙柠檬汁
- 1 茶匙小苏打
- "挤" 25 毫米长的牙膏
- 1 茶匙醋
- 25 毫米长的粉笔
- 水
- 勺子
- 标签
- 标记
- 红色和蓝色石蕊试纸

❗ 除非你知道它们是安全的，否则不要喝任何液体。

25 毫米

1. 每个罐中倒入 25 毫米深的水。分别将柠檬汁、小苏打、牙膏、醋和粉笔放入各个罐子中。将剩下一个罐子放在一边。

2. 给每个罐子做标记。

醋

3. 在每个罐子里放一张石蕊试纸。发生了什么？

4. 用茶匙将其中一种碱加入其中一种酸中。液体会变成中性吗？如果没有，为什么？
详见 *

这是怎么回事：

酸会使蓝色试纸变红。红色试纸在酸中保持红色。碱将红色试纸变成蓝色。蓝色试纸在碱中保持蓝色。中性物质不会导致试纸颜色发生变化。

* 它们没有相互中和，因为酸比碱强。

柠檬汁　小苏打　牙膏　醋　粉笔　水

焦耳

Joule, James Prescott

　　詹姆斯·普雷斯科特·焦耳(1818—1889)是英国物理学家。焦耳帮助证明了能量守恒定律。该定律显示，能量不会产生或减少，它只会从一种形式转变为另一种形式。焦耳的实验表明，看似失去的能量实际上变成了热量。

　　1840 年，焦耳发现电流的能量与该电流产生的热量有关，这种关系称为焦耳定律。1847 年，焦耳发现了机械能和热量之间的类似关系。机械能是机器或其他机械系统中存在的能量。

　　国际单位制中的一个单位以焦耳命名。焦（耳）用于计量功的单位或能量单位。在美国使用的英制单位制中，能量以英尺–磅计量。1 焦耳等于约 0.738 英尺–磅。

　　延伸阅读： 电力；能量；功。

焦耳

角

Angle

　　角是从同一点发出的两条射线所夹的平面图形。射线是线的一部分，一个角的两边相交的点称为顶点。

　　角度的大小以度（°）为单位度量。当两边形成方角时，称为直角，记为 90°。180° 的角度称为平角，它的两侧是直线。人们使用一种称为"量角器"的工具来测量和绘制角度。

　　延伸阅读： 几何；三角形。

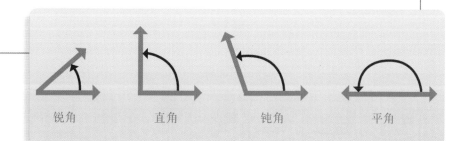

锐角　　　　直角　　　　钝角　　　　平角

金属

Metal

金属是地球上发现的最丰富的物质。它们包括铜、铁、铅、银、锡和许多其他具有某些特性的化学元素。所有已知化学元素中近 80% 是金属。

金属在制造许多产品方面很重要。工厂使用金属和合金制造汽车、工具、器具、珠宝和各种机器。金属还用于制造药品、电池和许多其他产品。

金属在许多方面与其他物质不同。金属通常有光泽，它们能很好地反射光。金属也是电和热的良好导体。大多数金属可以锤成薄片或拉成丝。

金属通常与其他化学元素结合形成化合物。这些化合物的性质不同于其组成的各个元素的性质。例如，食盐（氯化钠）是一种无色脆性固体，由钠（一种柔软的银色金属）与氯结合而形成。当铁或钢与空气中的氧气反应时会生锈。

地质学家认为地球核心主要由纯熔融的铁组成。另一种金属铝占地壳的 8% 左右。然而，地壳中几乎所有的金属都存在于化合物中。

宇宙含有相对少量的金属。最丰富的金属依次是镁、铁、铝、钙和钠。非金属化学元素氢和氦占所有可见物质的 99.9% 以上。许多科学家认为木星主要由热的液态氢组成。在地球上，氢作为气体出现。但在高压下，氢可以表现得像金属。

古代人用铜、金和银制作饰品、盘子、首饰和器皿。铜和锡的合金青铜的产生促使青铜时代的到来。那时，青铜取代石头作为主要的工具制造材料。在公元前 1 000 年左右，

铁是世界上最廉价也是最实用的金属之一。露天矿是世界上绝大多数铁的来源。

工人在铸造车间制作称为"铸件"的模制金属产品。车间生产的产品种类繁多，从机器部件到玩具士兵，一应俱全。

金属用于制造汽车以及用于制造汽车的机器。

铁成为主要的工具制造材料。这个时期被称为铁器时代。今天，钢铁仍广泛用于建筑和制造产品。钢主要由铁与其他金属和非金属混合而成。铝在 19 世纪成为重要的金属。在 20 世纪，工程师开发了使用铀和其他放射性金属作为燃料的发电机和武器。放射性元素释放出能量和微粒。

延伸阅读：合金；铝；铜；铁；铅；锈；银；锌。

晶体

Crystal

晶体是一种由原子以重复方式排列或其他有序结构组成的固体材料。原子是组成物质的微粒。许多非生物都是由晶体构成的，如钻石、沙子、雪花和糖都是晶体。

晶体中的原子以特定的结构排列。这种结构赋予每个晶体以某种形状。晶体有许多基本的结构。大多数晶体具有光滑、平坦的表面，边缘锐利。

不同种类的晶体看起来彼此不同。例如，冰晶以六个侧面排列成图案。但是盐晶体看起来像是方形的小盒子。有些物质可以有不止一种类型的晶体。

晶体在很多方面都有用途：钻石和其他水晶宝石用来制造珠宝。石英晶体用于将电信号转换成振荡，反之亦然。可用于收音机、手表和其他电子设备。有些晶体，包括石英，在挤压时会产生电荷。

延伸阅读：原子。

石榴石的原子形成等距晶体。

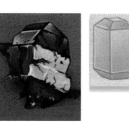

锆石的原子形成四方晶体。

绿柱石的原子形成六方晶体。

石膏原子形成单斜晶体。

不同晶体中的原子结合在一起形成不同的结构。晶体有七种基本模式。

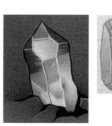

石英的原子形成菱形晶体。

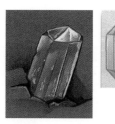

黄玉的原子形成正交晶体。

长石的原子形成三斜晶体。

实 验

种植你自己的水晶

你需要准备:

- 热水
- 泻盐 (硫酸镁)
- 一个勺子
- 一个耐热罐
- 一个浅盘
- 一个小碗
- 几滴食用色素

你可以通过蒸发溶解有泻盐的水来培育晶体。在温暖的房间里放置几天之后,晶体就会生长。

 请老师或其他成年人帮你倒热水。

1. 将勺子放进罐子里,用热水把罐子装满。

2. 往水里加几勺泻盐 (硫酸镁),搅拌混合物。再加入一些泻盐搅拌。

3. 把碗装满热水,把罐子放在里面。继续搅拌直到泻盐不再溶于水。让液体冷却。

4. 把浅盘放在不受干扰的地方。将混合物倒入浅盘中,深度约为 1 厘米。加入几滴食用色素。观察水蒸发时晶体是如何形成的。几天后,你会有一盘色彩斑斓的晶体。

静电

Static electricity

　　静电是电荷的积累。一个物体可能会带正电荷，也可能带负电荷。

　　所有物体都由称为原子的微粒组成。原子有一个叫作原子核的中心。原子核带正电荷。原子核周围是带负电的粒子，称为电子。有些原子很容易获得或失去电子。电子可以从一个物体转移到另一个物体。失去电子的物体变成带正电的物体，获得电子的物体变为带负电的物体。

　　想象一下一个人走过地毯，地毯上的电子会转移到人身上。这个人就会带负电荷。这时触摸金属的东西，例如门把手，可能会让人感到电击，这是因为有额外的电子跃迁到金属上。

　　当你在衬衫上摩擦气球时也会发生静电。摩擦导致电子从衬衫转移到气球，然后衬衫整体带正电荷，因为它已经失去了电子，气球带负电荷，因为它吸收了电子。正负电荷相互吸引，结果，气球将粘在你的衬衫上。

　　静电在家庭、企业和工业中有很多用途。例如，大多数办公室中的复印机都是静电复印机。他们通过将带负电的墨粉颗粒（粉末状墨水）吸引到带正电的纸张上来制作印刷品或书写材料的复印件。空气清洁器也使用静电将灰尘、烟雾、细菌或花粉从空气中吸出。

　　延伸阅读：电力；电子。

静电让这个女孩的头发竖立起来。

酒精

Alcohol

　　酒精是一种化学物质。酒精的种类有许多，但它们都含有化学元素碳、氧和氢。化学元素是仅包含一种原子的物质。

　　人们在很多方面都使用酒精。它是啤酒和葡萄酒等饮料的重要组成部分。人们在皮肤上的疼痛或发痒的地方使用消毒酒

在注射前，用酒精擦拭皮肤用以灭菌。

精。酒精可用作消毒剂和防腐剂,消毒剂会消灭非生物体上的细菌,防腐剂会破坏或阻止活组织上细菌的生长。酒精也被添加到多种肥皂中,因为它可以分解污垢和油脂。

在冬天使用一种叫作防冻液的液体来防止发动机冻结。防冻液中含有极毒的酒精。工厂里人们使用酒精来制造油漆、塑料和指甲油等产品。

居里
Curie, Pierre

皮埃尔·居里 (1859—1966) 是法国科学家。他以放射性研究工作著称。放射性是指原子核释放出粒子和能量。皮埃尔和他的妻子玛丽一起工作。1903 年,居里夫妇因研究辐射而获诺贝尔物理学奖。他们研究了铀和钍这样的化学元素发出的辐射。1898 年,居里夫妇发现了两种放射性元素钋和镭。法国化学家古斯塔夫·贝蒙帮助他们发现镭。

居里出生于法国巴黎。他大部分时间在家学习。他没有受过正规教育,这阻碍了他在科学界的地位。然而,他成了巴黎大学的理科教师。1880 年,皮埃尔和他的兄弟雅克在晶体中发现了一种被称为压电的特性,即一些物质具有将机械能转换成电能的性质,反之亦然。

延伸阅读: 居里夫人;辐射;铀。

居里夫妇因辐射研究而获诺贝尔物理学奖。玛丽·居里是第一个获得诺贝尔奖的女性。她也是第一个两次获诺贝尔奖的科学家。

居里夫人
Curie, Marie Skłodowska

玛丽亚·斯克沃多夫斯卡·居里 (1867—1934) 是波兰裔的法国科学家。她因从事放射性研究而闻名。放射性是指原子核释放出粒子和能量。1903 年,居里夫人成为第一位获得诺贝尔奖的女性。1911 年,她成为第一个两次获诺贝尔奖的科学家。

居里与丈夫皮埃尔合作。他们一起研究了铀和钍等化学元素发出的辐射。居里夫妇的工作促使了两种新的化学元素的发现,他们将这两种元素称为镭和钋。玛丽和皮埃尔因其对辐射的研究获得诺贝尔物理学奖。玛丽因发现镭和钋以及研究镭的化学特性而第二次获得诺贝尔化学奖。

居里夫人出生于波兰华沙,幼名玛丽亚·斯可罗多夫斯卡。作为一名在巴黎的年轻女士,她决定使用法语拼写她的名字玛丽。她于1934年7月4日死于白血病,这是一种癌症,很可能是由于多年暴露于辐射环境下导致的。

聚变
Fusion

聚变指两个轻质原子核结合形成一个较重原子的核。

原子核是原子的中心。聚变这个词意味着连接。核聚变期间会释放出大量能量,这个过程给恒星带来了巨大的能量。核聚变也为一些核武器提供动力。

太阳的能量来自氢原子的核聚变。太阳中的氢原子不断地相互撞击并核聚变。它们结合起来形成更大的氢原子核。科学家们正试图找到一种在发电站中使用核聚变的方法。核聚变将是最清洁的电力生产方式之一。

延伸阅读: 核能;原子核。

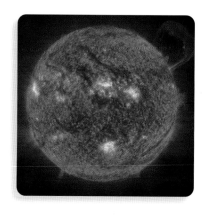

太阳的能量来自氢原子的核聚变。

一枚氢弹在太平洋上空爆炸。这种炸弹是一种聚变武器,在强热和高压下从原子核的聚变中获得能量。

聚合物

Polymer

聚合物是一种大的链状分子,分子则是一群原子键合在一起形成的。聚合物是一种化合物,其中每个分子由串联在一起的两个或更多个较简单的分子——单体组成。聚合物中的单体几乎总是相同的。例如,淀粉是许多植物中有的聚合物,而淀粉中的单体是一种叫作葡萄糖的单糖。聚合物可由数千种单体组成。一些聚合物天然存在,另一些是人工合成的。

许多常见且有用的物质都是聚合物。淀粉和羊毛是天然聚合物。尼龙和聚乙烯是一种坚韧的塑料材料,是合成聚合物。另一种聚合物橡胶既有天然的也有合成的。

聚合物通常是长而柔韧的。这些特性赋予它们许多实用和独特的特性。例如,橡胶可以拉伸到其正常长度的几倍而不会断裂。此外,由于分子的大尺寸,许多聚合物不易溶解。

延伸阅读：乙烯；分子。

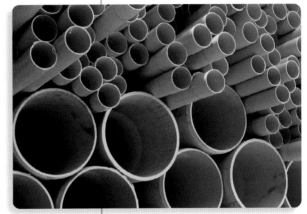

PVC管由聚合物——长链状分子制成。这些"链接"是两个碳原子、三个氢原子和一个氯原子的基团的重复结构。

绝对零度

Absolute zero

绝对零度也许是能够达到的最低温度,它等于 −273.15 ℃。科学家认为没有什么比绝对零度更冷。一项被广泛接受的科学观点认为无法达到绝对零度。科学家已经将特殊物质冷却到绝对零度以上几十亿分之一。科学家发现许多材料在接近绝对零度的温度下具有不寻常的性质。例如,一些材料具有无阻力传导电流的能力。

一些温标的制定基于绝对零度。其中之一是开尔文温标。在此尺度,绝对零度等于零开尔文 (0 K)。度和度数符号 (°) 不与开尔文符号一起使用。

开尔文温标与摄氏温标有关。开尔文温度等于摄氏温度加上 273.15。例如,20 ℃ 等于 293.15 K。开尔文温标以开尔文勋爵的名字命名,他是 19 世纪发明了该温标的英国科学家。

延伸阅读：摄氏温标；温度。

卡路里

Calorie

　　卡路里是用于计量某物中热能的单位。卡路里这个词来自拉丁语，意思是热量。

　　1 卡路里是将 1 克水的温度升高 1 ℃所需的能量。许多化学反应会产生热量。科学家使用"热量计"这样的仪器测量物体产生的热量。热量计最重要的用途之一是测量不同食物燃烧时释放的热量。该测量值表示某种食物在被人体完全吸收时会产生多少能量。

　　卡路里的符号是 cal。用于测量食物能量含量的卡路里用符号 Cal（称"大卡"，1 Cal 等于 1 000 cal）表示。大写的 Cal 通常被称为食物卡路里。

　　延伸阅读： 热。

该表显示了一些食物的卡路里，以及质量 68 千克的人在运动时消耗这些卡路里的分钟数。

食物	卡路里	散步的时间 4 千米／时	骑自行车的时间 14 千米／时
大苹果	125	34	20
罐装青豆 (1 杯)	25	7	4
蛋糕 含巧克力糖霜 (1 块)	235	64	38
汉堡包 三明治	245	67	39
低脂牛奶含 2% 脂肪 (1 杯)	120	33	19
比萨含奶酪 (直径 38 厘米)(1/8 个)	290	79	46

开尔文勋爵

Kelvin, Lord

　　开尔文勋爵（1824—1907）是 19 世纪最伟大的英国科学家之一。他发表了 661 篇科学论文，并获得了 70 项发明专利。维多利亚女王于 1866 年因其帮助在大西洋海底成功铺设第一条电报电缆而授予其爵士称号。

　　开尔文最著名的设计可能是一个从绝对零度（−273.15 ℃）开始的温标。绝对零度是可能的最低温度。他设计的温标被称为开尔文温标。

　　开尔文于 1824 年 6 月 26 日出生于爱尔兰贝尔法斯特。他的本名是威廉·汤姆森。他曾就读于格拉斯哥大学和剑桥大学。他在格拉斯哥大学任教。1892 年，他获得了拉格斯斯的开尔文男爵的头衔。他于 1907 年 12 月 17 日去世。

延伸阅读：绝对零度。

开普勒

Kepler, Johannes

开普勒

约翰内斯·开普勒 (1571—1630) 是德国天文学家。天文学家是研究天空中行星、恒星和其他天体的科学家。开普勒也为数学做出了重要贡献。他还揭示了我们的眼睛是如何工作的。

开普勒发现了三条解释行星如何运动的定律。英国科学家艾萨克·牛顿爵士后来使用开普勒的三条定律提出了他自己关于万有引力的定律。万有引力是具有质量的物体之间的吸引力，它将我们固定在地面，使行星绕太阳运行。

开普勒是最早支持波兰天文学家尼古拉斯·哥白尼思想的天文学家之一。哥白尼提出了地球和其他行星围绕太阳运行的想法。那时，大多数天文学家认为地球是宇宙的中心。开普勒于 1571 年 12 月 27 日出生于德国的韦尔 (斯图加特附近)。他于 1630 年 11 月 15 日去世。

延伸阅读：引力；牛顿。

科学记数法

Scientific notation

科学记数法是一种书写非常大或非常小的数字的方法。当用科学记数法书写时，这些数值占用的空间较小。

科学记数法使用称为 10 的幂的数字。10 的幂可以使用正数或负数来书写。10 的正幂用于写出非常大的数字。

10 的正幂总是由 1 后跟多个零组成：10、100、1 000 等。特定的次方表示零的数量。例如，数字 10 是 10 的第一个正幂，它有一个零。数字 10 000 是 10 的四次幂，因为它有四个零。十的四次幂写作 10^4。表示次方的小数字 4 称为指数。数字 1 000 000 表示 10 的 6 次方，写作 10^6。这些次方可用于表示正数。例如，数字 6 500 000 可以用科学计数法写成 $6.5×10^6$。

　　10 的负幂表示非常小的数字。第一个负 10 的幂（写成 10^{-1}）是 0.1，10^{-2} 为 0.01，10^{-3} 为 0.001，等等。数字 0.000 2 用科学计数法写成 $2×10^{-4}$。

　　延伸阅读：乘法；数；零。

氪

Krypton

36	Kr	2 8 18 8
氪	83.798	

　　　　氪是一种无味、无嗅、无色的气体。它是一种化学元素，而化学元素是仅由一种原子构成的物质。

　　　　氪大约占地球大气层的百万分之一。

　　　　氪以希腊词命名，意思是隐藏的。符号是 Kr。

　　氪是一种惰性气体。惰性气体是一组不易与其他元素反应的化学元素。氪可以被制成液体，沸点在 −152.3 ℃，在 −156.6 ℃时冻结。

　　许多荧光灯含有氪和氩的混合物，氩是一种类似于氪的化学元素。氪也用于产生黄绿色的发光标志，通常称为霓虹灯标志。英国化学家拉姆赛（William Ramsay）爵士和特拉弗斯（Morris W.Travers）于 1898 年发现了氪。

　　延伸阅读：化学元素；气体；惰性气体。

空气动力学

Aerodynamics

　　空气动力学是研究物体在穿过空气或其他气体时推动和拉动物体的力的学科。科学家使用空气动力学来研究飞机的飞行，还用它来研究与汽车以及沿地面运动的其他物体相关的空气受力。类似的研究用于在水中运动的船只和潜艇，则被称为流体动力学。

科学家研究空气动力学的两个主要的力：升力和阻力。

升力是将飞机抬离地面的力。它是由空气流经飞机机翼而产生的。机翼下方的空气向上推动飞机。

阻力是减慢运动物体速度的力。它是由空气对物体的摩擦引起的。空气动力学的许多工作都与减小阻力有关。降低阻力使物体更容易在空气中运动。

延伸阅读：力；运动。

空气动力作用于加速时的汽车上。

孔隙度

Porosity

孔隙度是许多固体材料的一种指标，表示它们有多少小孔或空间。有许多孔的材料称多孔材料。砂岩和石灰石是多孔岩石的例子。

在一些多孔材料中，孔彼此连接。这些材料包括海绵和木炭。液体和气体很容易通过这些孔并被吸收。另一些多孔材料中的孔未连接。砖就是这种材料的一个例子。这些材料通常不能很好地吸收液体和气体。

孔隙在某些材料中很有用。例如，木炭可用于过滤空气，这些孔允许空气通过，同时捕获有害的物质。孔隙对许多其他材料并无益处，例如，它降低了金属的强度。

延伸阅读：吸收和吸附。

海绵有许多孔。这些孔彼此连接，因此可以快速吸收水和其他液体。

夸克

Quark

夸克是最基本的物质粒子之一。所有物体都是由物质构成的。夸克是基本粒子。就科学家所知，这意味着，夸克不是由更小的粒子组成。夸克有六种类型。它们是：上、下、粲、奇异、顶和底。

所有的夸克都携带电荷的一部分。它可以是正的也可以是负的。

夸克是构成三个粒子系列中的一个，它们是基本粒子。另外两个是轻子和基本玻色子(或称规范玻色子)。

夸克没有可测量的尺寸，物理学家将它们描述为"类点粒子"。顶夸克是已知最重的基本粒子。它几乎和整个金原子一样重。最轻的夸克，即上夸克，质量为顶夸克的 1/35 000 分之一。

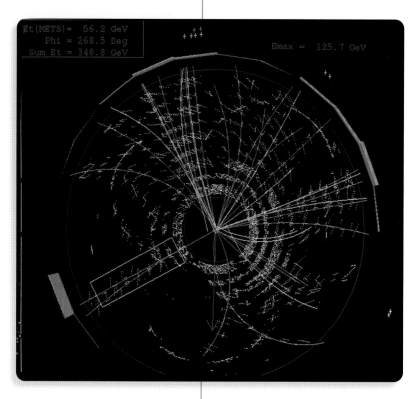

由单次碰撞引起的数千个电子信号重建的顶夸克事件。

夸克总是与一个或两个其他夸克相结合。例如，质子由两个上夸克和一个下夸克组成，中子由两个下夸克和一个上夸克组成。质子和中子构成原子的核，原子则是普通物质的基本构件。

奇、粲、底和顶夸克比上夸克、下夸克更重。这些重夸克通常会分解得很快。因此，普通物质中不存在重夸克。科学家们使用粒子加速器的特殊设备产生它们。

美国物理学家盖尔曼(Murray Gell-Mann)和苏联裔美国物理学家茨威格(George Zweig)于1964年提出夸克的概念。他们最初的理论预测有三个夸克。科学家后来认为一定存在六个夸克。到1995年，他们发现了全部六个夸克。

延伸阅读： 玻色子；质量；中子；质子；标准模型。

扩散

Diffusion

扩散是无需经过搅拌或摇动一种物质与另一种物质的混合。原子和分子是构成物质的微粒。由于原子和分子总是处于运动状态，因此会发生扩散。

通过在一杯水中小心翼翼地加入墨水可以看到扩散起初，深色墨水在水中保持在一起，然而，随着墨水分子四处移动，墨水会扩散。水分子也会四处移动，它们与墨水混合在一起。

在气体和液体中，原子和分子自由移动。这些物质很容易发生扩散。在固体中，原子和分子移动很少，因此，在固体中很少发生扩散。

延伸阅读： 原子；分子。

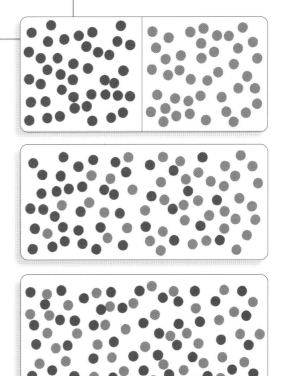

在扩散中，两种不同气体或液体的分子因为自然恒定运动而混合。

拉瓦锡

Lavoisier, Antoine Laurent

安托尼－洛朗·拉瓦锡（1743—1794）是法国化学家。许多人认为拉瓦锡是现代化学的创始人之一。

1772 年，拉瓦锡开始了一系列实验，揭示了燃烧的基本性质。他总结说，燃烧是由易燃材料与以前未知气体的快速化学结合产生的。他将这种气体命名为氧。拉瓦锡还表明，燃烧后残余物的质量等于燃烧物的质量。这一发现被称为质量守恒定律，它指出质量不能创造或消失，只能改变形式。拉瓦锡的研究成果发表在科学家们公认的第一本现代化学教科书中。

拉瓦锡还帮助开发了一种基于化学成分命名物质的系统。该系统仍在使用中。

延伸阅读：化学；燃烧；质量。

拉瓦锡

镭

Radium

居里夫妇拿着发光的镭的标本。居里夫妇和贝蒙于 1898 年发现了镭。

化学元素是仅由一种原子组成的物质。镭是一种放射性金属元素。放射性元素在原子衰变时释放能量。镭会释放出大量的放射性能量。这种辐射可能对人体健康有害。

过去，人们将镭用于多种用途。医生使用镭治疗癌症，因为它发出的辐射可以杀死癌细胞。今天，有许多更安全和更便宜的方法来产生用于医疗和其他用途的辐射。法国科学家居里夫妇和贝蒙于 1898 年发现了镭。

延伸阅读：居里夫人；居里；化学元素；核能；辐射。

冷凝

Condensation

当蒸气（气体）通过冷却变成液体时，冷凝就发生了。

云是由于空气中的水蒸气凝结而形成的。暖空气比冷空气能容纳更多的水蒸气。当空气上升到地球表面高处时，发生冷却。水蒸气是看不见的，但是当它冷却时，它凝结成液滴（微小的水滴）。大量的这种雾滴就是可见的云。

露水是冷凝的另一个例子。当植物或其他物体的表面比空气更冷时，露珠就会形成。空气中的水蒸气气化冷却的表面凝结成液滴。

延伸阅读： 气体；液体；蒸气。

如果窗户表面比建筑物内的空气冷，冷凝液体就会聚集在窗户表面，凝结来自空气中的水蒸气。

离心力和向心力

Centrifugal and centripetal forces

离心力和向心力是有时用于描述物体做圆周运动的术语。

考虑运动中的物体有保持直线运动的倾向，要做圆周运动，就必须不断地将其拉向圆心。这种向内的拉力就称为"向心力"。

想象一块石头连接在一根绳子上。为了旋转石头，一个人必须抓住绳子。绳提供向心力。如果这个人放开绳子，石头就会沿直线飞走。同样地球引力维持着人造卫星的向心力。这可以防止卫星飞离轨道。

现在想象一下你坐在旋转木马上，向心力可以防止你飞走。这种力量是通过你的鞋子和旋转木马之间的摩擦力来保持的。但你的身体仍然感觉有飞走的趋势。这种趋

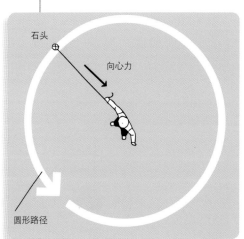

向心力使物体做圆周运动。图中的人通过拉着与石头相连的绳子，以保持石头的向心力。

势被认为是一种向外的拉力。人们有时称这种向外拉力为"离心力"。但拉力并不是真正的力，它只是保持直线运动的趋势。这种趋势称为"惯性"。

　　向心力还有其他的作用。例如，高速行驶的汽车倾向于沿直线行驶，向心力必须作用在汽车上，使其绕曲线行进。这种力来自轮胎和路面之间的摩擦。

　　延伸阅读： 力；引力；运动。

当你骑着旋转木马旋转时，称为离心力的向外拉力会使你远离它的中心。

离子

Ion

　　原子是一种微小物质，分子是一组结合在一起的原子，离子则是具有电荷的原子或分子。如果原子和分子获得或失去电子，它们就会带电。电子是具有负电荷的亚原子粒子。

　　每个原子都有一团电子，围绕着一个叫作原子核的小而重的中心。原子核包含质子（具有正电荷的粒子）。如果电子数等于质子数，则原子不带电。从原子中移除的电子可以与其他原子或分子结合。负电子的增加导致原子或分子变成负离子。失去电子的原子或分子变成正离子，因为带正电荷的质子的数量比电子多。

　　许多常见物品是离子。例如，食盐具有相同数量的钠离子（其为阳性）和氯离子（其为阴性）。海水和地球的空气中也含有多种离子。

　　延伸阅读： 原子；电子；分子；质子。

原子核（三个质子，三个中子）　　　　自由电子

电子

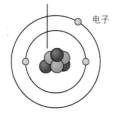

正常态锂原子

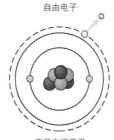

离子态锂原子

原子在获得或失去电子时变成离子，因此带电荷。处于正常态（左）的原子具有相等数量的正质子和负电子。如果失去一个电子（右），它就会变成带正电的离子。

力

Force

力是推或拉的作用。力会导致某些物体改变速度或方向。你每天都会体验到很多力。例如,当你推车时,你要用力来推动车。当你挤压一块软黏土时,力会改变黏土的形状。如果你向空中投球,你要用力来提高球的速度。然后,重力(也称万有引力)使球减速并使其落回地面。当你接球时,球向你的手施加向下的力,但是你的双手向球施加向上的力来阻止它。

通常,不止一种力同时作用于物体。当你坐在椅子上时,重力将你拉向地球。但是椅子把你上推,使你离地。这两股力量相互抵消了,你保持不动。在拔河比赛中也可能会发生同样的事情。一支团队可能会比对方队更加用力。在这种情况下,绳索将移向第一个团队。但两队可能会同样用力。在这种情况下,绳子不会移动。

力通过克服惯性而起作用。惯性是所有物质的属性。由于惯性,除非外力作用在物体上,否则静止的物体依然保持静止。惯性也使运动物体保持以相同的速度和相同的方向运动,除非外力改变物体的运动。

延伸阅读: **离心力和向心力。**

当你推车时,你会用力来推车。

当进行拔河比赛时,会在绳索中的两个方向上产生张力。张力是由拉力的作用引起的。

力学

Mechanics

力学是一门研究不同的力如何改变固体、液体和气体的科学。工程师使用力学来研究诸如齿轮之类的机械零件以及诸如建筑物中的柱之类的结构。他们使用力学来设计小到计算机部件，大到水坝一样大的东西。天文学家利用力学来研究恒星和行星的运动方式。物理学家使用力学来研究原子的运动。原子是组成物质的微粒。

力学主要有两个领域。静力学是对静止或以稳定速度和恒定方向运动的物体的研究。动力学是对力作用于物体时改变其速度或方向，或两者同时改变的情况的研究。

延伸阅读：力；运动；量子力学。

具有各种齿轮和零件的阿拉伯机器。

炼金术

Alchemy

炼金术是一种研究和试验物质的古老方式。炼金术曾被认为是结合了化学、魔法和哲学原理。专事炼金术的人被称为炼金术士。大部分炼金术都涉及将天然材料转化为有用或有价值物质的努力。例如，炼金术士曾试图将廉价金属变成银或金。如今，很少有人实践炼金术，他们多是寻求精神寄托。

大多数炼金术士认为物质由四个要素（基本部分）组成：水、土、空气和火。他们还认为所有金属都可以相互转换。

埃及、印度和中国的古代社会盛行炼金术。炼金术在 17 世纪的欧洲变得非常流行。但在 18 世纪许多学者开始批评炼金术。他们指出这不是科学。

炼金术士发明了一些现代化学中使用的方法。例如，他们在实验室进行实验，并仔细测量了他们使用的物质。

延伸阅读：物质。

链式反应

Chain reaction

链式反应是物理学中的一个过程。物理学是关于物质和能量的科学。在链式反应中，化学元素铀或钚释放能量。化学元素是仅含有一种原子的物质。链式反应的能量来自原子核的分裂。一个核的分裂导致另一个核的分裂,依此类推。这就是为什么反应被称为"链式"。

链式反应发生在称为核反应堆的装置中。在一些反应堆中,铀原子核被称为中子的亚原子粒子撞击。这导致原子核分裂。当原子分裂时,会释放出更多的中子。这些中子导致其他原子核分裂。能量主要以热量的形式释放。在核物理学中,原子核分裂被称为裂变。在链式反应中,数万亿个原子可以在几分之一秒内分裂。

延伸阅读: 核能;辐射。

倒下的多米诺骨牌表明了链式反应的概念。当多米诺骨牌落下时,它会击倒它背后的一片骨牌。

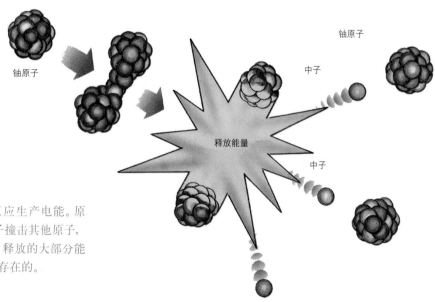

中子

铀原子

铀原子

中子

释放能量

中子

核电站用一种链式反应生产电能。原子分裂释放中子,中子撞击其他原子,使其分裂,以此类推。释放的大部分能量都是以热量的形式存在的。

量子力学

Quantum mechanics

量子力学研究物质的结构和行为。所有物体都是由物质构成的。量子力学对于描述亚原子粒子特别有用，亚原子粒子小于原子，而原子是构成物质的基石之一。量子力学可能很难理解，其中一些说法似乎很奇怪，但量子力学在物理学方面取得了巨大进步。

量子力学已取代经典力学，用来对已知最小物质单位及其活动进行描述。科学家们仍然使用较旧的理论来描述和预测我们日常生活中遇到的物体的行为。

1900 年，德国物理学家普朗克首次提出了量子力学的概念。科学家们曾认为，热物体会以不间断的流动释放能量。普朗克表明，能量实际上是在称为量子的微小束中发出的。

出生于德国的物理学家爱因斯坦的理论以普朗克的理论为基础。爱因斯坦认为所有的光都是以量子的形式发出的。这些粒子后来被称为光子。量子的存在有助于解释为什么光有时像波，有时像粒子。物理学家很快发现电子和其他亚原子粒子的行为方式也相似。电子是带负电的粒子，它绕原子核旋转。

1913 年，丹麦物理学家玻尔发现原子中电子的行为受量子控制。吸收一个量子能量的电子会跃迁到更高的能级。这一举动改变了它绕核的轨道。当电子放出一个量子时，电子就返回到较低的能级。电子只占据特定的轨道，轨道代表特定的能量量子。

1927 年，德国物理学家海森堡（Werner Heisenberg）发现不可能同时精确描述粒子的位置和运动。如果其位置是精确已知的，则其运动不能精确地知道，反之亦然。物理学家将此称为"测不准原理"。

延伸阅读： 玻尔；爱因斯坦；物质；力学；普朗克。

裂变

Fission

裂变是原子核的分裂。当原子核分裂时，它会分裂成两个较轻的原子核。该过程释放出大量的辐射（能量）。裂变这个词意味着分裂。裂变很容易发生在一种叫作铀的金属中。

核电站利用核裂变产生的热量来生产电力，但必须谨慎控制核裂变。当铀原子核被分裂时，它的一些中子会逃逸。中子是在原子核中发现的微粒。这些中子撞击其他铀原子，

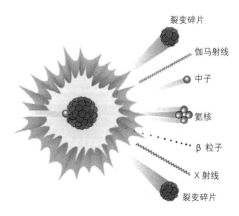

核裂变释放出几种类型的辐射，包括中子、α 粒子、β 粒子、伽马射线和 X 射线。

导致它们分裂，依此类推。

这个持续的过程称为链式反应。链式反应在核反应堆和原子弹中产生能量。

延伸阅读：链式反应；中子；核能；辐射。

磷

Phosphorus

磷是所有生物生存和生长所必需的化学元素。每个活细胞中都含有磷。磷还有许多工业用途。在自然界中，磷只能以磷酸盐的形式存在，这种形式通常在岩石中见到。

植物从土壤中吸收磷，并用它来制造能量。人和其他动物也需要磷来获取能量。他们通过食用植物或肉类、牛奶和鸡蛋等食物来获得它。磷对健康的牙齿和骨骼很重要。

一种磷酸盐用于制造磷塑料、钢、洗涤剂和药物等产品。另一种用于制作安全火柴。纯磷用于某些工业过程。大多数纯磷非常不稳定。例如，有种形式的纯磷如果暴露在空气中就会燃烧。

磷酸盐可以威胁河流、湖泊和湿地。洗涤剂中的磷酸盐可以通过污水系统进入水道。大量的磷酸盐会促进称为藻类的简单生物的生长。藻类消耗水中的氧气，生活在水中的鱼和其他生物会因缺氧而死亡。

延伸阅读：化学元素。

在称为磷循环的过程中，磷在很长一段时间内在整个环境中运动。这些运动在不同的地方以不同的速度发生。

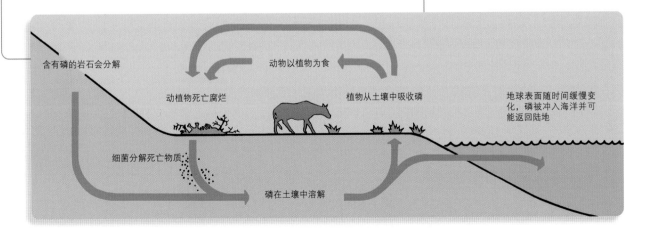

零

Zero

零是数字 0 的名称。有时称为无，用于表示没有。

数字是从 0 到 9 的数。数字需要结合在数中的位置表示其值。例如，在数 246 中，数字 2 代表两百，数字 4 代表四十，数字 6 代表六。要写出数 206，我们必须表示十位没有数，数字 0 用于此目的。

将零加一个数仍然是原来的数。减去零也仍然是原来的数。任何乘以零的数都是零。除零是不可以的。零是偶数。

有证据表明，中美洲的玛雅人在大约公元 250 年左右已使用符号零。在印度，印度教徒在 9 世纪末就形成了这样一个符号。印度教符号从印度传播开来，并在 15 世纪末在欧洲被采用。零可能来自 ziphirum，是这个阿拉伯单词 sifr 的拉丁形式。Sifr 来自印度语 sunya，意思是无效或空虚。

延伸阅读：十进制数系；数字；数。

206

零用于表示没有任何东西。在数 206 中，零（以红色显示）表示该数中十位上没有数。

流体

Fluid

流体是容易流动的物质。所有液体都是流体，所有气体也都是流体。水和油是液体流体的例子，空气是最著名的气体流体。轻微的压力或力会改变流体的形状，但是当压力消失时，流体往往会恢复到以前的形状。

虽然气体和液体都是流体，它们也有差异。液体呈容器的形状，然后不会改变。气体则不同，气体很容易改变其体积，它扩展或收缩以填充容纳它的任何容器。放入容器的气体必须保持封闭。如果容器没有顶，则里面的气体会膨胀散逸。

气体和液体还有其他差异。气体可以压缩到较小的空间中。液体几乎不能被压缩。

延伸阅读：气体；液体。

液体和气体都称为流体，因为它们可以流动以适应容纳它们的任何容器的形状。

流线型

Streamlining

　　流线型意味着对一个物体进行塑型，使它易于通过流体（液体或气体）。流线型能够减少阻力（即抵抗物体运动的力量）。例如，快艇在穿过水时遇到阻力。当船向前运动时，水将其向相反方向推动。喷气式飞机在飞行时也遇到空气阻力。阻力也称为抵抗力。

　　流体在稳定流动中围绕物体的运动轨迹称为流线。如果物体是流线型的，则流体在前部平滑分开，然后，流体很容易在物体周围通过，并在物体的尾部相遇。但是如果物体不是流线型的，那么当流体绕过物体时，流体可能会剧烈地旋转并扭曲。这称为涡流或旋涡。它们会增加物体的阻力。

　　物体的最佳流线型取决于该物体的运动是比声音慢或快。这是因为速度影响流体的压力以及空气湍流如何在物体周围表现。对于比声音慢的运动，物体应该在前面稍微倒圆并且在尾部形成一个点。潜艇和鱼就是这种形状。对于比声音快的运动，物体应该具有尖锐的前部。某些飞机和火箭被工程师设计成这种形状。尖头形状有助于减少比声音移动快而产生的冲击波的影响。

　　延伸阅读：空气动力学；流体；气体。

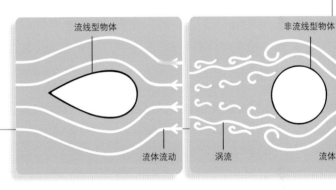

流线型物体（左）遇到流过它的流体几乎没有阻力。圆形物体（右）会产生涡流，增加其对流动液体的阻力。

硫

Sulfur

16	S	2 8 6
	硫	
	32.065	

　　硫是一种黄色物质，存在于世界许多地方。它是一种化学元素。硫无嗅、无味。

　　数百年来，硫被用于许多方面。古希腊人和罗马人用它作为清洁剂、漂白剂和药物。

　　后来，硫黄成为火药的主要成分之一。如今，硫被用于各种产品，包括油漆、纸张、洗发水和药品。

　　纯硫的沉积物可以在自然界中找到。硫也存在于煤、

硫

原油、天然气、油页岩和许多矿物中。在 20 世纪之前，火山爆发的物质是硫的常见来源。今天，大多数硫来自石油和天然气中的硫化合物。

所有植物和动物都需要少量的硫来生存。许多食物，包括卷心菜和洋葱，都含有丰富的硫。

延伸阅读：化学元素。

卢瑟福

Rutherford, Ernest

欧内斯特·卢瑟福（1871—1937）是英国科学家。他建立了一种被广泛使用的原子结构模型。后来，卢瑟福成为第一个分裂原子核的人。由于他对科学的许多贡献，他经常被视为核科学之父。

1911 年，卢瑟福提出原子的结构很像太阳系。重核形成原子的中心，就像太阳是太阳系的中心。被称为电子的负电荷粒子像行星一样构成原子的外部，原子的大部分区域都是空的。后来科学家们证实，如果一个原子有 6.4 千米宽，那么原子核只有网球大小。

卢瑟福和英国化学家索迪（Frederick Soddy）发现一种化学元素的原子可以变成另一种元素的原子。一些原子是通过释放带电粒子（一种辐射）来实现这种改变的。卢瑟福和索迪于 1902 年公布了他们的研究结果。卢瑟福因此获得 1908 年诺贝尔化学奖。

卢瑟福出生于新西兰尼尔森。他曾在加拿大蒙特利尔麦吉尔大学、英格兰曼彻斯特大学和剑桥大学任教。

延伸阅读：原子；原子核；辐射。

卢瑟福

落体定律

Law of Falling bodies

落体定律实际上是几个定律。它们说明物体在落下而且没有任何阻力时会发生什么。

一条定律描述了当两个不同质量的物体从同一高度同时落下时会发生什么。人们曾经以为较重的物体会首先落到地面。意大利科学家伽利略并不认为这是真的。他推断所有物体（无论是砖块还是羽毛）都倾向于以相同的速度下降。物体可能在不同时间落到地面，但这只是因为空气阻力。阻力是流体（例如空气）试图抵抗穿过它的物体的力。伽利略的推理后来被证明是正确的。

将物体吸引到地球或任何其他大型物体上的力称为引力。无论形状、大小或密度，引力都会对所有物体起作用。地球将物体吸引到其中心，因此地球附近的所有物体都被拉向中心。

延伸阅读： 引力；运动。

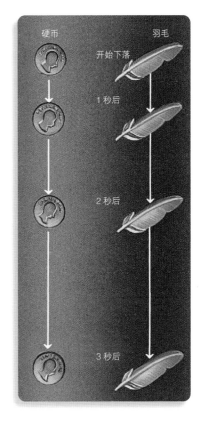

由于重力，在真空（几乎没有物质的空间）中自由落下的物体无论大小、形状或重量都以相同的速度下降。

铝

Aluminum

13	2 8 3
铝	
26.981539	

铝是一种银色金属，比大多数其他金属都轻。铝不生锈，不易磨损，可抵御气候和化学品的损害。除了钢铁之外，人们使用铝比任何其他金属都更多。铝可以形成几乎任意形状，甚至可以轧制成厚板来制造装甲坦克，但铝也可以轧制得足够薄，以制作口香糖包装纸、金属丝或容器罐。

铝本身柔软而不是很坚固，所以它几乎总是与少量其他元素混合在一起。添加铜、镁或锌有助于使铝变强，还赋予铝其他功能，使其成为最有用的金属之一。

铝占地壳的8%左右。但铝单质从未在自然界中找到过。铝与土壤或岩石中的其他元素结合，称为铝矿石。

热和化学反应用于从矿石中获得纯铝。

延伸阅读： 化学元素；腐蚀；金属。

冶炼铝。

氯

Chlorine

17	**Cl**	2 8 7
	氯	
	35.453	

氯在室温下是一种有毒的黄绿色气体。它有一种强烈的、令人不快的气味。氯气会伤害你的鼻子、喉咙和肺部。

氯是一种化学元素。在自然界中，氯从不是气体，它总是与其他化学元素结合在一起。它主要存在于海水、盐湖和岩盐沉积物中。氯与化学元素钠结合形成氯化钠，即食盐。氯气主要采用使电流通过氯化钠水溶液的方法来制造。

氯有许多其他用途。氯可以杀死细菌。人们将氯气放入饮用水和游泳池中以保证水的安全。氯也用于制造漂白剂和杀菌清洁剂。氯还是用于制造纸张和塑料的化学混合物的一部分。

延伸阅读： 化学元素；漂白；消毒剂；气体。

工作人员检查游泳池中水的含氯量。将氯加入水中可以杀菌。

氯氟烃（氟利昂）

Chlorofluorocarbon

氯氟烃是一种用于制冷和塑料制造的化学品。在自然界中没有发现氯氟烃(氟利昂)，它们是人工制造的。氯氟烃含有氯、氟和碳三种化学元素。两种最常见的氯氟烃称为氯氟烃－11 和氯氟烃－12。它们用于空调和冰箱以冷却空气，还用于制造家具和绝缘材料的泡沫。

氯氟烃－11 和氯氟烃－12 通常无毒或无燃。它们很容易从液体转变为气体或从气体转变为液体。这种能力使它们可用作气溶胶喷雾产品中的压缩气体，帮助从容器中喷射出材料。

氯氟烃通过分解地球大气层中的臭氧来破坏环境。臭氧是一种阻挡太阳有害紫外线到达地球表面的气体。美国和其他大多数国家现在都有针对氯氟烃的法律。

延伸阅读： 碳；氯；氟。

使用过的喷雾罐可以回收利用。

马力

Horsepower

马力是英制系统中功率的度量单位,功率是做功的速度。1 磅的物体移动 1 英尺距离所做的功称为 1 英尺磅。1 马力等于每秒 550 英尺磅的做功量。

如果发动机在 1 秒内将 550 磅重的物体提升到 1 英尺的高度,它的工作速度为 1 马力。重体力劳动者可以在 8 小时的工作时间内以 1/10 到 1/8 马力的速度做功。

苏格兰工程师瓦特 (James Watt) 在 18 世纪首次使用了马力这个词。他用这个词来比较蒸汽机的功率和马的力量。今天,马力用于测量汽车发动机和电动机等设备的功率。

公制系统中功率的测量单位是瓦(特)。1 马力等于 745.700 瓦。

延伸阅读: 功。

码

Yard

码是英制系统中的长度单位。该系统通常在美国使用。1 码等于 3 英尺或 36 英寸。在现代公制系统中,1 码等于 0.9144 米。

码也可用于测量面积。面积是指某个边界

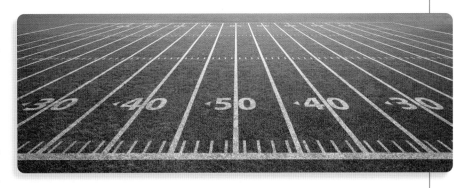

美式橄榄球场的大小就是用码作单位的。

内包围的表面量。1 平方码是一个长和宽都是 1 码的二维图形。要计算二维的面积,可将在相交处的两条边的长度相乘。

1 立方码是一个长、宽和高都是 1 码的三维图形。它用于计量体积。要计算实体三维图形的体积,可将长度乘以宽度再乘以高度。

延伸阅读: 米;公制;体积。

迈克尔逊

Michelson, Albert Abraham

艾伯特·亚伯拉罕·迈克尔逊(1852—1951)是第一位获得诺贝尔奖的美国人。诺贝尔奖每年颁发给那些在化学或医学等领域做出过重要贡献和新成就的人。迈克尔逊于1907年因在物理学方面的贡献而获奖。

迈克尔逊发明了一种仪器，有助于反驳一种称为以太理论的观点。科学家们曾认为光线是通过一种叫作以太的无形物质穿过空间的。迈克尔逊的仪器帮助证明光的传播不需要以太。

迈克尔逊出生于波兰。他的家人在他2岁时移居到了美国。

延伸阅读： 光。

迈克尔逊

麦克斯韦

Maxwell, James Clerk

詹姆斯·克拉克·麦克斯韦(1831—1879)是英国科学家。他是19世纪最伟大的数学家和物理学家之一。

麦克斯韦以其对电和磁的研究而闻名，他还以解释气体分子如何运动而著名。分子是构成化学物质的基本单位。麦克斯韦还研究了色觉、弹性和土星环。弹性是指物体在拉伸后回复其形状的能力。此外，麦克斯韦还研究了热力学。这个物理学分支研究能量的形式，包括热量和运动。

延伸阅读： 气体；分子。

麦克斯韦

曼哈顿计划

Manhattan Project

曼哈顿计划曾是一个绝密的美国政府项目,于1942年创建,用于生产第一颗原子弹。1939年8月,德国出生的物理学家爱因斯坦告知美国总统罗斯福 (Franklin D.Roosevelt) 核裂变的潜在军事用途。在裂变中,原子核被分裂以释放能量。美国科学家担心纳粹德国可能成为第一个开发原子弹的国家,而纳粹德国在第二次世界大战中成为美国的敌人。

在生于意大利的物理学家费米的指导下,芝加哥大学的科学家参与了该项目。他们在大学运动场的看台下建造了一个原子反应堆。1942年12月2日,该反应堆产生了第一个链式反应。在这个过程中,一个核的分裂导致另一个核的分裂,形成链式反应。

曼哈顿计划的科学家于1945年7月16日在新墨西哥州阿拉莫戈多附近成功爆炸了第一颗原子弹。美国物理学家奥本海默 (J.Robert Oppenheimer) 负责设计和制造原子弹。

延伸阅读:链式反应;裂变;核能。

洛杉矶阿拉莫斯原子弹项目主任奥本海默(左)站在新墨西哥州第一颗原子弹爆炸的塔楼遗骸附近。

毛细管作用解释了水如何在狭窄的管中上升。将不同宽度的玻璃管放在一杯水(左)和汞(右)中。水在最窄的管中上升最高,因为水分子被吸引到管壁上,抵抗重力被拉起。但是汞分子被管壁轻微排斥(推开),汞在较窄的管中降得更低。因此,最宽管中的汞的高度最高。

毛细管作用

Capillary action

毛细管作用使水在狭窄的管子中上升。毛细管作用有助于将水分从树的根部上升到树叶。树干和树枝上有许多叫作毛细管的小管子。

当水进入毛细管时,毛细管的四周将水分子拉向自己。分子是由以某些方式键合(连接)在一起的原子组成的微粒。四周的拉力比水的重力大时就可以将水分子拉上来。结果,水分子"爬"到毛细管侧。

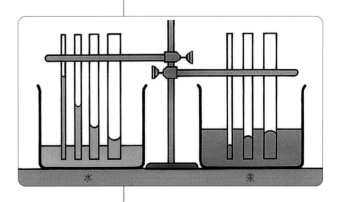

水　　　　　　　　　　汞

除树木外还有许多其他物品具有毛细管作用。例如，纸巾有许多微小的毛细管，会吸收液体，因此有助于吸收溢出物，如牛奶。

延伸阅读： 吸收和吸附。

酶

Enzyme

酶是一种在生命化学中起关键作用的化学物质，它有助于分解和合成化学反应（化学物质之间的相互作用）中的其他化学物质。没有酶，生命不可能存在，因为这些反应会发生得太慢。酶通过附着在其他化学物质上来加速反应，产生更复杂的物质。

酶在所有生物体内起到重要的作用。例如，酶在消化（食物分解）中起关键作用。它们还有助于将身体中的化学物质转化为身体可以更容易使用的形式。每个活细胞都会产生酶。人体细胞产生数千种酶。

延伸阅读： 化学反应。

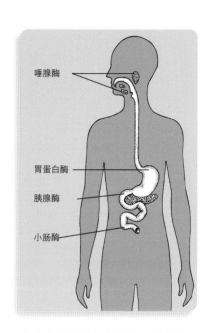

唾腺酶

胃蛋白酶

胰腺酶

小肠酶

人体内消化系统中的酶分解食物，每一种酶都有其功能。

镁

Magnesium

12	Mg	2 8 2
	镁	
24.30506		

镁是一种银白色金属。它是最轻的金属，却仍然足够坚固，可以用于建筑。镁及其合金用于制造飞机、汽车和许多其他产品。

镁还有许多其他用途。例如，镁块被放置在埋藏的钢管和水箱旁边，可以防止土壤中的氧和其他化学物质腐蚀钢铁。镁条也用于保护船体。

镁是一种银白色金属，质量轻，强度高。

镁是地球上相当普遍的金属，但纯镁在自然界中不存在，它是各种矿物质和其他物质的一部分。镁通常从海水中提取。

延伸阅读：**化学元素；金属。**

锰

Manganese

25	Mn	2 8 13 2
	锰	
	54.938044	

锰是一种脆性、银色的金属化学元素。化学元素是仅由一种原子组成的物质。锰有许多工业用途，特别是在制造钢铁方面。

锰在地壳中很多，但在自然界中，锰仅存在于其他化学元素的化合物中。在一些小行星中也可以发现锰。锰首先由瑞典化学家加恩 (Johan Gottlieb Gahn) 于 1774 年从混合物中分离得到。

最广泛使用的锰化合物是二氧化锰。它用于干电池、油漆和染料。它还为砖块提供了红色到棕色的颜色。几个世纪以来，玻璃制造商一直使用二氧化锰。硫酸锰用于油漆和清漆干燥剂的生产，它也是某些肥料的关键物质。

延伸阅读：**化学元素；金属。**

在海底发现了锰，特别是在太平洋。这种锰呈圆形块状，称为锰结核。

米

Meter

米是公制系统中的主要长度单位。公制系统在大多数国家和地区中用于测量距离、重量和体积。在美国和其他一些国家，人们经常使用英制系统。

米的符号是 m。1 米等于 39.370 英寸。当公制系统于 1795

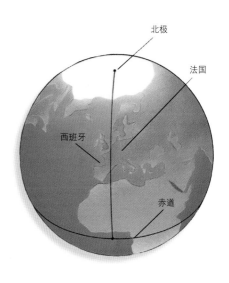

米于 1795 年首次使用。一些法国科学家计算了从北极到赤道的距离，他们途经法国敦刻尔克和西班牙巴塞罗那。他们决定将这个距离分成 1 000 万个相等的长度，称每个长度为 1 米。

年被采用时，1 米被定义为从北极到赤道的距离的 1/10 000 000。在 1960 年，米改为根据光的波长来定义。科学家现在将米定义为光在真空中 1/299 792 458 秒行进的距离。

　　人们使用米来测量诸如运动场的长度或树的高度之类的尺寸。为了测量更长的距离，例如城市之间的距离，人们使用千米。1 千米等于 1 000 米。厘米用于测量较短的距离，例如铅笔的长度或人的身高。100 厘米等于 1 米。1 英寸等于 2.54 厘米。

　　延伸阅读：公制系统；度量衡。

密度

Density

　　密度是一定体积中的物质量。物体或物质中的物质量称为质量。质量与重量有关，但它们并不完全相同。在日常活动中，质量与重量相同，但重量实际上描述了移动物体所需的力。重量是物体受到的重力。

　　想象一块木头和一块铁块。两者的大小相同，但铁块感觉更重，这是因为它比木块质量更大。铁在相同的体积内具有更大的质量。所以，我们可以说铁的密度更高。木材在同样体积中的质量较小，因此，它具有较低的密度。

　　如果您知道材料的质量和体积，就可以计算出材料的密度。体积是占用的空间量。您可以将材料的质量除以其体积来得到它的密度。

　　所有材料都有密度。这种密度可以改变。加热时，许多材料的密度会降低。

　　延伸阅读：质量；物质。

不同的液体具有不同的密度。糖浆落到罐子的底部，因为它比水和油的密度大。

秒

Second

　　秒是两个独立计量单位的名称。一个用于测量时间。另一个用于测量角度。

作为时间单位，秒是一分钟的组成部分。1分钟有60秒，1小时有60分钟，1天有24小时。因此，一秒钟是一天的1/86 400。这个秒有时用符号s表示。但是天的长度并不相同，因为地球不会围绕太阳做完美的圆周运动。因此，基于天的时间测量不能用于科学工作。相反，科学家通过化学元素铯原子的特定振动来定义秒。振动由一种称为原子钟的装置测量。1秒等于9 192 631 770次振动。

几何学是研究形状和角度的学科。在几何中，秒是角度的一部分。1分有60秒，1度有60分。一个圆周有360度，所以1秒是一个圆的1/1 296 000。

延伸阅读： 角；圆；度；时间。

在几何中，秒是角度的一部分。一个圆的四分之一是90度。1度等于60分。1分等于60秒。因此，一个90度角，有5 400分或324 000秒。

90 度 = 5400 分
= 324000 秒

圆周 = 360 度

摩擦

Friction

当两个物体彼此摩擦时，摩擦力使它们相互抵抗。摩擦力使物体不会相互滑动。例如，火车的车轮利用摩擦力抓住轨道。摩擦还可以防止鞋子在人行道上滑动。人在冰上很容易滑倒，因为冰比人行道摩擦力小。

摩擦导致热量。当两种物质相互摩擦时，两种物质中的分子移动得更快。这种运动形成的热量可以被感受到。

摩擦和热量会导致物体磨损。这就是为什么机器运动部件要用到油和其他液体。这些液体可减少摩擦，使零件更容易运动，产生更少的热量。

摩擦有三种主要类型：滑动摩擦、滚动摩擦和流体摩擦。当两个表面彼此滑动时引起滑动摩擦。滑动摩擦的一个例子是书在桌子的表面移动。滚动摩擦是车轮或其他圆形物体在表面上运动时产生的。汽车轮胎与路面之间的摩擦是滚动摩擦。流体摩擦是流体（容易流动的液

大气摩擦（空气与物体之间的摩擦）导致一块称为流星体的太空岩石发光，并在天空中显示为流星（一道光）。

体或气体）和固体之间的摩擦。游泳者和水之间的摩擦是流体摩擦的一个例子。

　　延伸阅读：火；热。

露营者试图用点火弓点火。这种装置使一块木头与另一块木头相摩擦。摩擦产生的热量足以使小木片起火。

钼

Molybdenum

42	Mo	2 8 18 13 1
	钼	
	95.95	

　　钼是一种坚硬的银白色金属。它也是一种化学元素。钼的熔点比大多数其他金属高，约为 2 623 ℃。制造商将钼添加到钢和镍中以制造坚固的耐热合金。钼广泛用于飞机和导弹部件。

　　钼的名字来自希腊语，意思是铅。人们曾经把钼误认为铅。1778 年，瑞典化学家舍勒确定钼是一种独立的化学元素。智利、中国和美国生产世界上大部分的钼。

　　延伸阅读：化学元素；金属。

穆勒

Muller, Erwin W.

　　欧文·W. 穆勒（1911—1977）是一位物理学家。物理学家是研究物质和能量的科学家。穆勒于 1951 年发明了离子显微镜。它可用于观察原子。凭借他的新显微镜，穆勒拍摄了金属表面上原子的第一张照片。1954 年，他改进了他的设计。他的新显微镜可用于分析单个原子。穆勒出生于德国柏林，于 1962 年成为美国公民。

　　延伸阅读：原子。

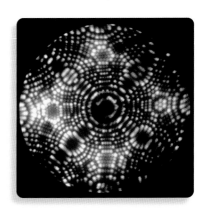

铂的场离子显微镜图像。离子显微镜是穆勒在 1951 年发明的。

钠

Sodium

11	Na	2 8 1
	钠	
	22.989769	

钠是一种银白色金属。它非常柔软，可以很容易地模压或用刀切割。钠是地壳中常见的化学元素。在自然界中，钠从未以纯态发现。它仅存在于化合物中（与其他金属或矿物质的化学组合）。最常见的钠形式是氯化钠或称食盐。它广布于地下、干涸的湖床和海水中。

钠的化合物在工业中有许多用途。硼酸钠用于制造肥皂和水软化剂等产品。硝酸钠，也称为智利硝石，是一种有价值的肥料。碳酸氢钠，又称为小苏打，用于烘焙，也是一种温和的清洁剂。

纯钠用于生产某些类型的橡胶以及金属钛和锆。钠还用于核电站以冷却产生极大热量的核反应堆。但是，必须非常小心地处理和储存纯钠，它与水混合时，会产生剧烈反应。

延伸阅读： 化学元素；金属。

钠是一种银白色金属，具有许多重要用途。

氖

Neon

10	Ne	2 8
	氖	
	20.1797	

氖是一种无色无嗅的气体。它是构成地球周围的空气保护层——大气的气体之一。氖也是一种化学元素。

氖是由英国化学家拉姆赛（William Ramsay）爵士和特拉弗斯（Morris W.Travers）于1898年发现的。他们用希腊词命名这种新的气体。

氖主要用于某些种类的灯管，以制作霓虹灯彩色招牌。即使在雾中也可以看到霓虹灯。这就是为什么许多机场用霓虹灯作为信标来引导飞机起降。

霓虹灯招牌是通过用氖气填充玻璃管制成的。电流使

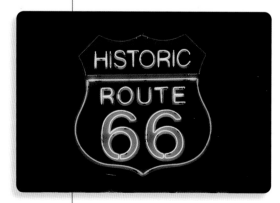

氖被用于制作彩色标牌。

灯管发光。这些灯管可以由彩色玻璃制成或涂有不同颜色的粉末，以形成各种颜色的标志。

延伸阅读： 化学元素；气体。

能量

Energy

能量是做功的能力。有很多种能量。地球上的大部分能量都以这样或那样的方式来自太阳。能量以太阳光的形式传播到地球。植物、藻类和某些微生物利用太阳光来制造食物。动物和人类以这些生物和其他动物为食。他们利用这种食物中的能量来移动和生存。所有生物都需要能量来维持生命。

最早的人类祖先只有利用他们身体的能量才能工作。后来，人们学会了如何使用火的能量。他们通过燃烧木头或其他燃料生火，火的热能使他们感到温暖并帮他们烹饪食物。人们驯服动物并利用它们的能量来旅行、拉犁和搬运东西。人们发现了如何制作利用风能来移动船只的风帆。人们还学会了如何利用水的能量来转动磨将谷物磨成面粉。

今天，人们仍然使用阳光、水、风和火的能量。另一种能量来自裂变或聚变原子以产生新原子，此种能量被称为核能。人们有许多其他方式来释放能量。燃烧煤将水变成蒸汽，然后用蒸汽来产生电能。使用这种电能照明并为电器和供暖系统供电。人们还将这种电能转化为无线电波，将信息和思想转送到数千千米外。此外，人们通过燃烧汽油来释放汽油中的能量为汽车提供动力。

能有两种形式：动能和势能。动能是运动的能量。势能来自某种位置或其他条件，它可以被认为是"储存"的能量。动

风力涡轮机将风能转化为电能。

能量可以来自燃烧燃料。煤就是用于产生热量和电力的燃料。

能和势能之间可以相互转化。例如，一个在秋千上向后摆动的女孩在她运动的最高点有势能。这种能量来自她的位置。当她向下摆动时，这种势能转化为她运动的动能。

科学家认为，宇宙中的能量数量永远不会改变。我们不能制造能量或消灭它。我们只能将它从一种形式转变为另一种形式。

延伸阅读：电力；汽油；动能；核能；势能。

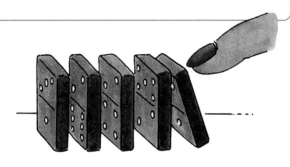

如图所示排列一些多米诺骨牌。用手轻推骨牌的一端，给它一点能量，让它倒在旁边的多米诺骨牌上，会看见能量从一个多米诺骨牌传递到下一个。

黏度

Viscosity

黏度用于衡量流体（液体或气体）流动的难度。例如，蜜糖流动缓慢，它具有高黏度。水更容易流动，它具有低黏度。

流体由称为分子的微小原子群组成。为了流动，分子必须相互移动，但是有几个因素会阻碍流体的流动能力。分子相互碰撞或摩擦，分子也通过电彼此吸引。碰撞、摩擦和吸引力会产生黏性。在许多情况下，液体中分子的大小可以决定黏度。大分子，例如机油中的大分子，不像小分子（水中的分子）那样容易相互移动。较大的分子产生更多的碰撞和摩擦。这些物质具有更高的黏度。

黏度随温度变化。在液体中，分子靠得很近，因此，它们彼此之间有很强的吸引力。但是当液体被加热时，其分子会分开，从而限制了碰撞次数和摩擦量。分子之间的吸引力越来越弱。因此，提高液体的温度会降低其黏度。

在气体中，分子相距甚远。气体的黏度主要来自分子之间的碰撞，加热气体使其分子移动得更快并且更频繁地碰撞。因此，热气体的黏度高于冷气体。

延伸阅读：流体；气体；液体；超流体。

镍

Nickel

28 Ni 镍
58.6934
2
8
16
2

镍是一种白色金属。它具有磁性，易于抛光，不会生锈。它可以被锤成薄片或拉成细丝。镍也是一种化学元素。化学元素是仅由一种原子构成的物质。

大多数镍都被添加到其他金属中，这产生了一种称为合金的混合物。镍使铁更容易成形，使用于制造机器零件的钢更坚固。

镍采自于镍黄铁矿、白云石和黑土这类地下矿石。加拿大和俄罗斯是镍的主要生产国。澳大利亚、印度尼西亚和新喀里多尼亚也是重要的镍产地。

延伸阅读： 化学元素；金属。

镍是从地下的矿石中挖掘出来的。

凝固点

Freezing point

凝固点是液体变成固体的温度。例如，水的凝固点为 0 ℃。在该温度下，水开始结为冰。

物质的凝固点几乎总是与其熔点相同。温度升高，冰开始在 0 ℃融化。变冷的液态水在 0 ℃时开始冻结。在恰好 0 ℃时，冰和水可以以稳定的混合物形式存在。

物质的冰点可以改变。例如，随着气压上升，几乎每种物质的凝固点都会升高。这是因为压力的增加使物质更致密，从而有助于它保持固体形态，需要更多的热能来克服压力并将固体熔化成液体，反之亦然。降低压力通常能使物质在较低温度下熔化。

延伸阅读： 冰；熔点；温度。

32 °F   0 °C

牛顿

Newton, Sir Isaac

牛顿

艾萨克·牛顿爵士 (1642—1727) 是一位英国科学家。他有时被描述为"人类思想史上最伟大的名字之一",因为他对天文学、数学和物理学做出了重大贡献。牛顿指出宇宙中的所有物体都被一股看不见的力量彼此吸引。他意识到,使卵石落到地面的力与使月球绕太阳运行的力相同。这种力称为万有引力,引力使行星绕太阳运行。

牛顿后来发现阳光是所有颜色光的混合物。他将一束阳光透过玻璃棱镜,将其分成几种颜色。他证明了物体有颜色是因为它们反射光线。例如,草看起来是绿色的,因为它反射绿光。

牛顿对光的研究使他制造出了一种带有反射镜而不是透镜的新型望远镜。通过它,他观察了木星的卫星。事实证明,牛顿的望远镜比以前任何望远镜都要好得多。许多现代望远镜使用类似的设计。

牛顿发明了一种新的数学,称为微积分。微积分也是由德国数学家莱布尼兹 (Gottfried Leibniz) 独立发明的。微积分是对数量变化的研究,例如曲线的变化斜率。微积分经常被工程师、物理学家和其他科学家用来解决运动物体的实际问题,例如飞行中的航空器。

牛顿也在运动领域做了重要的发现。他在 1687 年出版的《自然哲学的数学原理》一书中解释了他的发现。这本书被认为是科学史上最伟大的作品之一。后来的科学家,如德国出生的物理学家爱因斯坦,挑战并改变了牛顿的工作成果。但爱因斯坦承认,没有牛顿的发现,他自己的工作是不可能完成的。

延伸阅读: 微积分;颜色;引力;光;运动。

诺贝尔

Nobel, Alfred Bernhard

阿尔弗雷德·伯恩哈德·诺贝尔 (1833—1896) 是瑞典化学家和发明家。他开发了一种名为炸药的爆炸物。诺贝尔还设立了诺贝尔奖。这些奖项旨在奖励那些让人类生活更美好的人,包括科学和文学奖以及促进国际和平的奖项。诺贝尔出生于瑞典斯德哥尔摩。当他还是个孩子的时候,他的家人搬到了俄罗斯圣彼得堡。他的父亲在圣彼得堡拥有一家为俄罗斯军队制造设备的工厂。在那里,诺贝尔开始尝试制作炸药。

　　诺贝尔使用一种名为硝化甘油的液体火药。硝化甘油很危险，因为它很容易爆炸。诺贝尔希望让它变得安全，以便将它用于建筑隧道和采矿等工作。经过多次尝试，诺贝尔将硝化甘油与一种粉末混合使其更加安全。他把它命名为炸药。1867年，他获得了炸药专利，专利是一种政府文件，赋予发明人在有限时间内对发明享有专有权。诺贝尔在世界各地设立工厂，炸药和其他爆炸物的销售给他带来了巨大的财富。

　　在他的遗嘱中，诺贝尔设立了一个基金。这笔钱的利息被用来向那些为"人类的福祉"做出宝贵贡献的人们颁发年度奖。诺贝尔奖在1901年首次颁发。该奖项现在仍然是世界上最著名的奖项之一。

延伸阅读： 爆炸；诺贝尔奖。

诺贝尔

诺贝尔奖

Nobel Prizes

　　诺贝尔奖包括六个奖项，每年颁发给那些做出使人类生活更美好的工作的人。其中五个奖项由瑞典化学家诺贝尔发起，他发明了炸药，利用制造炸药的利润来提供奖金。第一次奖项是在1901年颁发的。

　　诺贝尔科学奖项包括物理、化学、生理学或医学。物理学是研究物质和能量的学科。化学是研究物质构成、性质的学科。生理学是研究生物是如何运作的学科。另外两项奖项是文学奖与和平奖。1969年，瑞典银行设立了第六个奖项，以表彰经济领域的重要研究成果。经济学是研究国家如何获取和使用货币的学科。

　　瑞典斯德哥尔摩的瑞典皇家科学院选出科学和经济领域的获奖者。瑞典文学院选出文学的获奖者。挪威诺贝尔委员会选择和平奖获得者。所有奖项可由两三个人分享。

延伸阅读： 诺贝尔。

诺贝尔委员会主席亚格兰向美国总统奥巴马颁发2009年诺贝尔和平奖。

每个诺贝尔奖奖章的正面都有诺贝尔的半身像，他在19世纪后期创立了五个奖项。

欧几里得

Euclid

欧几里得（前330？—前270？）是希腊数学家。他常被誉为几何之父。几何是对线条、角度、曲线和形状的研究。

欧几里得对几何学的最大贡献是名为《几何原本》的著作。在这部著作中，欧几里得将已经存在的几何思想总结成13卷书。他还写了《几何原本》的其他部分，使它成为有史以来最重要的科学思想著作之一。

除了在数学中占有重要地位外，几何学还有许多实际用途。工程师和设计师使用几何体来制作建筑物、桥梁、飞机和其他物品。天文学家使用几何来测量宇宙。所有这些领域都利用了欧几里得的思想和原则。

欧几里得记录了在他那个时代所知的大多数数学分支，但他的其他一些著作只有少数流传下来。人们对欧几里得的生平几乎一无所知。

延伸阅读：几何。

欧几里得

欧洲核子研究中心

CERN

欧洲核子研究中心是亚原子粒子研究的主要研究中心。亚原子粒子是小于原子的微小物质。欧洲核子研究中心的科学家使用粒子加速器进行实验。这些巨大的机器以极高的能量产生亚原子粒子束。欧洲核子研究中心拥有世界上最大的加速器——大型强子对撞机（LHC），这台环形机器的周长为27千米。

欧洲核子研究中心位于瑞士日内瓦附近，是由一群欧洲国家组成的欧洲核研究组织。CERN这个名字来自这个组织的法语原名。欧洲核子研究中心成立于1954年。

延伸阅读：原子；物质。

欧洲核子研究中心，拥有世界上最大的粒子加速器。

P

帕斯卡

帕斯卡

Pascal, Blaise

布莱士·帕斯卡（1623—1662）是法国科学家和思想家。他以流体实验和概率研究而闻名。流体是任何在压力下容易流动的物质。概率是对可能性的数学研究。

在 16 世纪 50 年代，帕斯卡发现了一个后来叫作帕斯卡定律的科学法则。这个规则涉及容器中的流体。根据定律，对流体施加压力会使流体在各个方向上均匀地向外推。帕斯卡的研究证明空气具有重量，空气压力可以产生真空。当时，许多科学家怀疑真空的存在。

帕斯卡出生在法国克尔蒙特费朗市。除了科学研究，他还是著名的作家。在 1656 年和 1657 年，帕斯卡出版了非常受欢迎的系列书信《致外省人信札》。他的遗著《思想录》集中反映了其哲学思想。

延伸阅读：流体；压强；概率。

泡利

Pauli, Wolfgang

沃尔夫冈·泡利（1900—1958）是一位奥地利科学家。泡利凭借在电子技术方面的研究获得了 1945 年诺贝尔物理学奖。

泡利描述了一个被称为泡利不相容原理的规则。这条规则指出，同一个原子中没有两个电子可以具有完全相同的轨道和自旋。电子轨道是它围绕原子核运动时所占据的区域。自旋是它在一个轴上旋转的角度。泡利的规则帮助科学家了解不同物质在结合时会如何反应。这个规则也有助于解释化学元素的不同性质。

泡利还预言了一种叫作中微子的不可见微粒的存在。这些粒子在 1956 年首次被发现，科学家们对它们知之甚少。

延伸阅读：电子；化学元素。

泡利

培根，弗兰西斯

Bacon, Francis

弗兰西斯·培根（1561—1626）是英国哲学家、作家、法学家和政治家。培根是支持和研究科学实验的最早和最重要的人之一。

培根帮助发展了解决问题的科学方法。科学方法是科学研究的有序方式。一般步骤包括识别问题、收集数据（信息）、制定假设（可能的解释）、进行实验、找出结果并得出结论。

培根相信大脑会急于得出结论，这使得它无法学习真理。但他相信，如果使用得当，头脑可以发现重要的真理。这些真理将赋予人们战胜自然、终结疾病、贫穷和战争的力量。

延伸阅读： 化学。

弗兰西斯·培根

培根，罗吉尔

Bacon, Roger

罗吉尔·培根

罗吉尔·培根（约1214—约1292）是中世纪重要的科学思想家。中世纪是欧洲历史上从公元5世纪到15世纪的一个时期。培根研究并撰写了关于天文学、物理学、数学和宗教的文章。他是第一批进行科学实验的人之一。因此，他被称为实验科学的创始人。培根也是最早研究光学的人之一。

培根出生于英格兰。他后来成为一名方济会修士并住在巴黎。方济会不让培根告诉别人他在科学方面的工作，但教皇克莱门特四世要求培根写下他的想法，培根写了一本书并把它寄给了教皇。

培根认为人们应该学习阿拉伯语、希腊语和希伯来语。他相信这将有助于他们更好地理解圣经，并了解阿拉伯和希腊的科学思想。培根认为数学对科学非常重要。

延伸阅读： 数学；光学。

硼

Boron

硼是一种化学元素,它是一种极硬的类金属。类金属同时具有金属和非金属的特性。

在地球表面硼的含量较少。硼和硼化合物的主要来源是湖泊和其他水体蒸发后留下的矿藏。主要的硼矿位于哈萨克斯坦、土耳其、美国以及南美洲的秘鲁至阿根廷一带。

硼对于植物的生长至关重要。它还有许多工业用途:向钢中添加硼可提高其硬度和强度,一种硼的同位素可用于核反应堆;硼和氧的化合物,如硼砂和硼酸,可用于耐热玻璃、洗涤剂、肥皂以及药物中。

硼的颜色范围从棕色到黑色。它的符号是B。法国科学家盖·吕萨克 (Joseph Louis Gay-Lussac)和泰纳尔(Louis Jacques Thenard)于1808年首次将硼鉴定为化学元素。

延伸阅读: 化学元素;金属。

膨胀

Expansion

膨胀是物质体积的增加,但没有增加任何物质。大多数物质在遇热时膨胀,遇冷时收缩。水是少数几种在成为固体时略微膨胀的物质之一。气体自然膨胀以填充其容器,但是气体在加热时也会膨胀,在冷却时会收缩。

膨胀是由能量变化 (通常是温度变化) 引起的,热能导致物质中的原子振动,提高温度会增加这些振动。在气体中,升高温度也会增加原子或分子运动的速度。分子由原子组成,增加的运动迫使原子或分子进一步分开,导致膨胀。

在相同的温度变化下,不同的材料以不同的量膨胀。某些分子的原子比其他分子的原子更容易振动。因此,它们将周围的原子和分子推向更远。例如,在相同的温度变化下,铝的膨胀量是铁的两倍。

延伸阅读: 气体;热。

铍

Beryllium

铍是一种稀有的浅灰色金属元素。铍轻而脆，它比大多数其他轻金属更能抵抗熔化。铍的符号是 Be。

铍在自然界中从未作为纯金属出现，但它存在于许多矿物中。绿柱石和铍石是铍最重要的来源。德国化学家沃勒 (Friedrich Wöhler) 和法国化学家比西 (A．A．Bussy) 独立工作，于 1828 年分离出第一批纯铍样品。

铍有多种用途。例如，铍的质量轻，吸收和传导热量的能力使其可用于导弹、火箭和卫星的专用零件。然而，吸入铍粉尘的人可能会发生铍病，这种肺部疾病有时是致命的。美国政府制定了安全标准，以保护接触铍的工人免受金属及其化合物的严重伤害。

延伸阅读： 化学元素；金属。

漂白剂

Bleach

漂白剂是指从材料中淡化、增亮或去除颜色的物质。制造商在染色布、纸和其他材料前，先予以漂白这些材料。家庭主妇使用洗衣漂白剂清洁和增亮衣服。人们还使用一些漂白剂来消灭细菌。

有两种主要的漂白剂，化学的和光学的。化学漂白剂作用于分子，赋予材料颜色。这些漂白剂使材料无色或几乎无色。光学漂白剂掩盖了材料中的黄色污渍。这些漂白剂反射更多的蓝光，额外的蓝色有助于隐藏黄色。光学漂白剂通常称为织物增白剂。

古代人已开始漂白面料。他们有时用燃烧硫黄的烟雾处理布料。他们还使用由植物或植物灰制成的漂白剂。然后他们将处理过的布铺在地上，让它们在阳光下变白。人们在 18世纪开始制造漂白剂。

延伸阅读： 氯。

洗涤中使用的氯漂白剂是一种化学漂白剂。

频率

Frequency

　　频率是用于描述波的度量。波有波峰和波谷。想象一下波经过某个地方,在给定的时间内会有许多波峰或波谷通过,这个数字是波的频率。频率取决于波的速度以及相邻波峰或波谷之间的距离。频率的度量单位是赫(兹),符号 Hz。

　　声音是一种波。声波的频率等于物体每秒的振动次数。振动是快速、微小的来回或上下运动。振动快的物体将发出比振动慢的物体更高频率的声波。随着频率增加,波长通常减小。波长是波的相邻波峰之间的距离。慢波或趋于远离的波是低频波,快波或趋于接近的波是高频波。

　　声音的频率决定了它的音高。音高是我们听到的声音的高低。高音调的声音频率高于低音调的声音。科学家们还使用频率来测量电磁波。电磁波包括所有形式的光。不同类型的电磁波具有不同的波长和频率。例如,X 射线是具有高频和短的波长的电磁波,无线电波具有低频和长的波长的特点。

　　大多数人都能听到频率在 20 ～ 20 000 赫之间的声音。一个人的声音可以产生 85 ～ 1 100 赫的频率。蝙蝠、猫、狗、海豚和许多其他动物可以听到频率远高于 20 000 赫的声音。

　　延伸阅读: 电磁波谱;赫(兹);声音;振动;波长。

声波的频率等于物体每秒产生的振动次数。

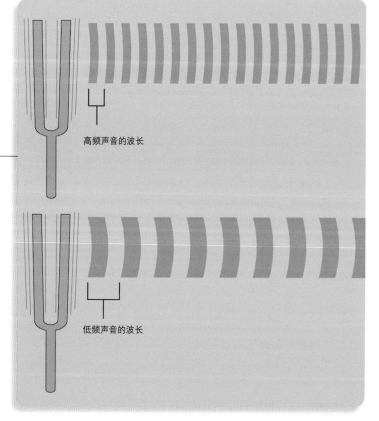

高频声音的波长

低频声音的波长

物体振动越快,频率越高。随着频率增加,波长减小。声音的频率决定了它的音高。高音调的声音频率高于低音调的。

平方根

Square root

　　已知数的平方根就是那个与自身相乘时会产生该已知数的数字。例如，5 是 25 的平方根，因为 5×5=25。平方根的符号称为根号。它使我们能够将前一个例子写成 $\sqrt{25}$ =5。负数 −5 也是 25 的平方根。将两个负数相乘的结果是一个正数。因此，(−5) × (−5) =25。

　　找到数字平方根的最简单方法是使用电子计算器。在 17 世纪末，英国数学家牛顿 (Isaac Newton) 描述了一种使用基本算法寻找平方根的复杂方法。

　　延伸阅读：乘法；牛顿；数。

通过将苹果分成 5 个相等的行和 5 个相等的列，可以看到一组 25 个苹果的平方根是 5 个苹果。

普朗克

Planck, Max Karl Ernst Ludwig

　　马克斯·卡尔·恩斯特·路德维希·普朗克 (1858—1947) 是德国重要的科学家。他研究了物体如何吸收并释放热量和其他能量。1900 年，普朗克提出了量子理论，这一理论彻底改变了物理学领域。科学家们曾认为能量连续不断流动。普朗克表明能量实际上是以微小的单位流动，他称之为量子。这种单元的一个例子称为光子 (光能的最小单位)。所有形式的光，包括可见光和 X 射线，都由光子组成。

　　普朗克出生于德国基尔。他曾就读于慕尼黑大学和柏林的大学。他在慕尼黑、基尔和柏林的大学教授物理。1918 年，普朗克获得诺贝尔物理学奖。

　　延伸阅读：能量；光子；量子力学。

普朗克

气体

Gas

气体是物质的三种基本状态之一。其他两种状态是固体和液体。空气是气体的混合物。

气体如同固体和液体一样也由称为原子和分子的微粒组成。原子和分子总是在运动并相互碰撞。但是气体原子和分子比固体或液体的原子和分子运动得更快。如果气体在容器中，则运动的颗粒从容器壁反弹。这种弹跳产生了对容器壁的推力，称为气体的压力。如果加热容器中的气体，分子运动得更快。它们越来越频繁地撞击容器壁，压力增加。

空气中的大多数气体无色无味。但有些气体有色或有味，或两者兼有。当鸡蛋腐烂时，会释放出气味难闻的气体。臭氧是一种在地球大气层中发现的气体，是一种淡蓝色气体。气体也有重量。地球周围的空气重量作用在一切物体的表面。这个重量被称为大气压力。

水是可以拥有三种状态物质的一个例子。当水被冻结成冰块时，它变成固体。像所有固体一样，它具有一定的尺寸和形状。在室温下，水是液体。与其他液体一样，水没有自己的形状，而是呈现出容器的形状。水在加热时变成气体，它变成了水蒸气。像所有气体一样，蒸气扩散到它所在的任何容器中。科学家在17世纪和18世纪发现并研究了许多气体。1823年，英国科学家法拉第 (Michael Faraday) 发现气体可以通过冷却和压缩变成液体，甚至变成固体。

延伸阅读： 冷凝；水力学；液体；固体；升华。

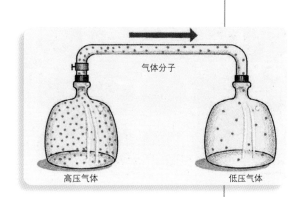

给定体积中的气体分子数越多，气体的压力越大。高压气体总是流向较低压力的区域。

在气体（下左）中，原子或分子以无序的方式运动。它们的运动能量称为动能。气体中的原子或分子具有大量的动能。原子和分子在液体（下中）和固体（下右）中的运动更有序。通过冷却和压缩可以将气体变成液体或固体。

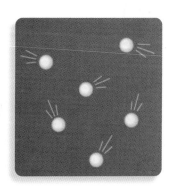

气体

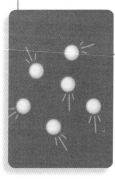

液体

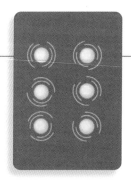

固体

实 验

气体的膨胀和收缩

所有气体都由称为原子的微粒组成。这些原子总是在运动。原子组成分子。当气体加热时,其分子运动得更快,彼此碰撞。随着分子分散,气体占据更多空间,它扩散并变得不那么致密。当气体冷却时,它会收缩,占用更少的空间。该实验显示了空气冷却后的收缩情况。

你需要准备:

● 香肠形气球和一根棉线
● 冰箱或冰柜

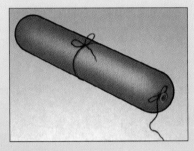

1. 吹个气球并系住末端。在气球周围紧紧地系一根线,让线不会移动。

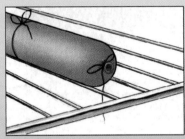

2. 将气球放入冰箱或冰柜中过夜。

3. 拿出气球。感受气球和放入冰箱之前有何不同。解释发生了什么,以及为什么。随着空气变暖,气球发生什么变化。描述发生的变化,并说明原因。

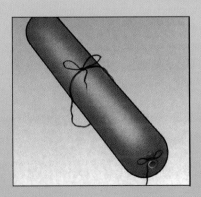

这是怎么回事:

冰箱里的冷空气减缓了气球中的分子运动速度。慢速运动的分子靠得更近,占用的空间更少,使得气球缩小,变得柔软。

汽油

Gasoline

汽油是用于交通运输的最重要的燃料之一。汽油最常用于为卡车和汽车提供动力的发动机。它还用于为船只、飞机、割草机和其他机器提供动力。汽油是由石油制成的,而石油是一种在地下发现的油。

汽油是在炼油厂生产的。炼油厂将石油分成许多有用的产品,包括汽油和其他几种燃料。汽油是数百种称为碳氢化合物的化学物质的混合物。碳氢化合物是氢和碳的化合物。汽油由不同的碳氢化合物组成。不同的发动机需要不同的汽油混合物才能顺利运行,每种汽油类型都有一个称为辛烷值的数字。汽油的辛烷值可以说明它在发动机中的工作情况。许多跑车需要高辛烷值的汽油。

20世纪初,汽车开始流行起来,汽油开始变得非常重要。当时汽车使旅行变得容易,它们可以使人们居住在远离工作地点的家中。汽油对农民也很重要,他们开始使用拖拉机和其他带汽油发动机的机器。通过这些机器,农民能够种植更多的农作物来养活更多的人。汽油的使用也造成了问题,燃烧汽油会造成空气污染。美国和许多国家已通过法律,要求燃料生产商开发清洁燃烧汽油。

延伸阅读: 碳氢化合物;汽油。

汽油泵上的辛烷值根据燃烧效率表示燃料的质量。数字越高,质量越好。该泵上的黄色方块显示三种不同等级汽油的辛烷值。随着汽车的老化,它们通常需要更高辛烷值的燃料。

汽油是由石油制成的许多产品之一。石油蒸馏(通过加热分解)后分成较轻和较重的产品。

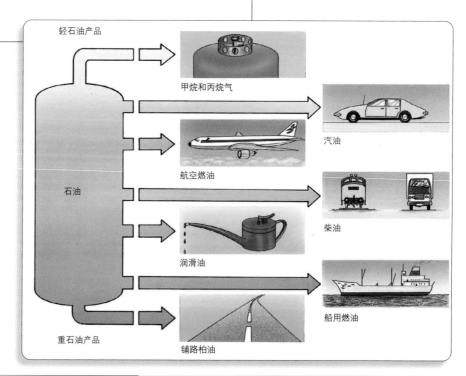

轻石油产品

甲烷和丙烷气

航空燃油

石油

汽油

柴油

润滑油

船用燃油

重石油产品

铺路柏油

铅

Lead

铅是一种柔软、沉重、蓝灰色的金属。它也是一种化学元素。化学元素是仅由一种原子构成的物质。

铅是人们学会使用的第一批金属之一。它可以很容易地被锤成不同的形状。它不会生锈，也不会受到强力化学品的侵蚀。几千年来，人们用铅制造硬币、陶器和武器。铅的符号是 Pb。它的名字来自拉丁语 plumbum，意思是水厂。古罗马人使用铅制水管。

铅矿石和铁矿石

今天，铅的主要用途是铅酸蓄电池。这种电池为汽车、飞机和许多其他车辆的电气系统提供动力。铅也用于杀虫剂、玻璃和其他产品。铅会阻止 X 射线。因此，它被用作带有 X 光机的房间的屏蔽。与铅接触太多可能是危险的。呼吸过多的铅尘或烟雾，或吸进一些铅，都会导致铅中毒，这是一种严重的疾病。因此，人们大大减少油漆和汽油中使用铅的量。

人们从矿石、矿物或地下开采的岩石中获取铅。但今天使用的大部分铅来自回收的旧电池中。

延伸阅读： 化学元素；金属。

钱德拉塞卡

Chandrasekhar, Subrahmanyan

苏布拉马尼扬·钱德拉塞卡 (1910—1995) 是美国天体物理学家。天体物理学家是研究太空物体的科学家。钱德拉塞卡与美国天体物理学家威廉·福勒共获 1983 年诺贝尔物理学奖。他们因关于恒星如何演化并最终死亡的研究而获奖。

钱德拉塞卡最著名的是他在白矮星上的成就。白矮星是一种小而重、燃料耗尽的恒星。一些白矮星通过吸收附近的其他恒星的物质而变大。钱德拉塞卡发现长得比太阳大 1.4 倍的白矮星会由于自身的引力而坍塌，然后它们变成了被称为超新星的爆炸星。最终，它们变成中子星，中子星是由中子组成的微小恒星。

钱德拉塞卡的昵称是钱德拉。他出生在拉合尔，今属巴基斯坦。一个叫钱德拉 X 射线天文台的太空望远镜以他的姓氏命名。美国国家航空和航天局于 1999 年 7 月 23 日发射了该望远镜。

延伸阅读： 中子。

以钱德拉塞卡命名的钱德拉 X 射线天文台。

轻子

Lepton

轻子是一种微小的不可见粒子。轻子被认为是一种基本粒子。这些粒子不能再分成更小的粒子。轻子是构成基本粒子的三个主要族之一。其他两个是夸克和玻色子。轻子和夸克一起被称为费米子。

科学家已经确定了六种类型的轻子，分别是电子、μ 子、τ 粒子和三种中微子。电子、μ 子和 τ 粒子都有负电荷，但它们具有不同的质量。μ 子的质量约为电子质量的 207 倍。一个 τ 粒子的质量是电子质量的 3 477 倍。

三种中微子称为电子−中微子、μ 子−中微子和 τ 粒子−中微子。中微子没有电荷。科学家认为中微子的质量非常小。

每种类型的轻子都有一个相关的反粒子，称为反轻子。反轻子具有与轻子相同的质量，但它们的所有其他属性都相反。

氢

Hydrogen

1	H	1
	氢	
	1.00794	

氢是一种气体,它比空气轻,无味、无嗅、无色。它是宇宙中最丰富的化学元素。化学元素是仅由一种原子组成的物质。宇宙中大约 90% 的原子都是氢。恒星主要由氢组成。在恒星中,氢原子的核聚合成氦原子核。这个过程产生巨大的能量。大量的氢气也出现在星际间的云中,这是存在于恒星之间的空间中的气体和尘埃组成的云。

氢在地球上很丰富,但大部分都与其他化学元素结合在一起。水、石油、植物和动物以及塑料都含氢。在地球上,纯氢是一种极易燃的气体。

氢有许多用途。一些行业在使金属纯净的过程中使用它。氢也可用作燃料。一些实验车使用氢燃料。科学家们正试图找到更多更好的方法来使用氢气作能源。

英国科学家亨利·卡文迪什 (Henry Cavendish) 在 1766 年首次将氢描述为一种单独的物质。他在空气中燃烧氢气并证明结果是纯净的水。由此,法国化学家安托尼·拉瓦锡得出结论,水是氢和氧的化合物。氢的名字来自希腊语,意思是成水。

延伸阅读: 化学元素;汽油;聚变;氦。

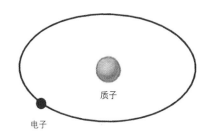

氢是所有化学元素中原子结构最简单的。碱性氢原子由称为质子的单个正粒子与称为电子的单个负粒子组成。

氢化

Hydrogenation

氢化是向物质中添加氢的化学过程。食品制造商通常将液体油加氢以制成固体脂肪。例如,花生油氢化变成固体以改善其风味。加氢可以产生一种称为反式脂肪的特殊脂肪。不过反式脂肪含量高的食物会使人患心脏病的风险增加。氢化还用于制造汽油和煤制油。

一种物质分子含有一些氢原子但仍可接纳更多氢原子的物质称为不饱和物质。饱和物质的分子含有尽可能多的氢原子。

延伸阅读: 氢。

氢离子浓度指数

pH

氢离子浓度指数(pH)是描述物质的酸性或碱性的数值。pH 范围从 0 到 14。酸性物质的 pH 小于 7，碱性物质的 pH 大于 7，pH 为 7 的物质被认为是中性的，既不是酸性也不是碱性物质。纯水的 pH 为 7，人血液的 pH 约为 7.4。

酸不仅有酸味，也可能很危险。它们会引起金属的化学反应。当一种或多种化学物质发生化学反应时变成一种或多种不同的化学物质。醋和橙汁是酸性液体。有助于身体消化食物的胃液也是如此。碱性物质可能味道苦，感觉很滑。它们还会灼伤皮肤。有时用作清洁剂的氨是一种碱性物质。碱性液体也称为碱。

科学家经常需要测试土壤或水等物质的 pH。过于酸性或过于碱性的土壤对于种植某些作物是不利的。酸雨是汽车尾气和燃烧煤炭的发电厂释放的气体中携带的化学物质形成的雨水。由于酸雨，一些河水和湖水变得太酸了。鱼类和其他生物不能生活在酸性过强的水中。

pH 告诉化学家在溶液中有多少氢离子。丹麦生物化学家斯伦森 (Søren Sørensen) 于 1909 年发明了 pH 系统。

延伸阅读： 酸；碱；离子；石蕊；中和。

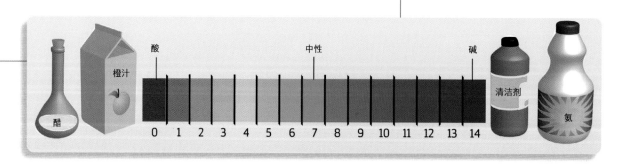

pH 范围为 0 至 14，酸性液体（如醋或橙汁）的 pH 小于 7，碱性液体的 pH（如氨或许多清洁剂）大于 7。

燃料

Fuel

燃料是一种可用于产生有用能量的物质。我们使用燃料来加热和冷却建筑物。我们还使用燃料来烹饪食物和发电。燃料使汽车、飞机和其他机器中的发动机运转。大多数燃料通过与空气中的氧气结合释放能量。该过程称为燃烧。

一些燃料，包括煤、石油和天然气，称为化石燃料。化石燃料在地下发现，它们是古代生物的遗骸，已存在了数百万年。至今人们使用的大多数的能源都来自化石燃料。

有些燃料是由每年可以再生的作物制成的。这些燃料称为生物燃料。

燃料的类型有五种：固体燃料、液体燃料、气体燃料、化学燃料和核燃料。

固体燃料包括煤、泥炭和生物质。煤主要用于发电。燃烧煤获得热量，热量将水变成蒸汽，蒸汽用于推动涡轮机，涡轮机产生电能。

泥炭由部分腐烂的植物组成。它主要存在于沼泽中。

生物质是由植物或动物物质制成的燃料。木材、垃圾和动物粪便是生物质的例子。

液体燃料主要是石油。石油也被称为原油。大多数石油被制成汽油、柴油和煤油等燃料。

人工合成液体燃料由煤、天然气和生物质制成。它们也是来自油页岩，油页岩是一种含有石油的岩石。合成燃料也可来自特殊类型的沙子。

气体燃料包括天然气和制成气。人们在各种类型的岩石中发现了天然气。天然气成分主要是甲烷，一种无色无味的气体。制成气主要来自煤或石油。

化学燃料可以是固体或液体。它们可以产生大量的热量和能量。化学燃料主要用于火箭发动机。

核燃料通过原子核的裂变产生热量，主要用于发电。

延伸阅读： 燃烧；电力；裂变；汽油；核能。

天然气（气体燃料）

汽油（液体燃料）

煤（固体燃料）

火箭燃料（化学燃料）

核燃料

科学家将燃料分为五大类：气体燃料、液体燃料、固体燃料、化学燃料和核燃料。

燃烧

Combustion

当化学物质彼此反应并以火的形式发出热量和光时，就是燃烧。在大多数情况下，当氧气与燃料(例如煤或木材)结合时，燃烧迅速发生。燃料可以是固体或液体。但它必须在燃烧之前变成蒸气。

火花通常引发氧气和燃料之间的燃烧。例如，擦划火柴会产生热量，热量产生火花，火花可点燃烧烤架中的木炭，木炭与空气中的氧气混合后继续燃烧。如果烤架关闭，火会熄灭，因为空气无法到达炭层。

一些燃料可以在没有火花或火焰引发的情况下开始燃烧。这称为自燃。它可以在一堆油性破布中发生。破布内的化学物质混合在一起并产生热量。如果热量无法逸散，破布会变得很热，最终会引起燃烧。此外，某些化学品如果接触其他化学物质，也会引起燃烧。例如，一些金属在遇到酸时会开始剧烈燃烧。

燃烧在我们的生活中非常重要。我们燃烧燃料来给我们的家庭和学校供热。许多机器将燃烧转化为动力。例如，汽车中的发动机燃烧燃料以驱动汽车。

燃烧也可能是危险的。森林大火可能会失去控制。森林火灾难以扑灭，因为燃料和氧气太多了。树木是燃料，氧气在空气中。风可能会给火灾带来更多氧气。

延伸阅读：灰烬；化学反应；火。

着火温度(℃)

280° 汽油
260° 棉花
232° 纸
190°~266° 木材

物体在燃烧前需要被加热到一定的温度。物体开始燃烧的最低温度称为引燃温度。这个温度因材料性质的不同而不同。

热

Heat

热是最重要的能量形式之一。热使我们的家温暖并煮熟我们的食物。它给了我们热水和干燥衣服。热也驱动机器。发动机燃烧燃料产生的热量产生动力使得汽车和飞机前行。热驱动发电机产生电力。电力提供照明，还提供动力，运行从计算机到电动火车的各种设备。工厂使用热来熔化和连接金属并给金属成形。热用于制作食品、玻璃、纸张、纺织品和许多其他产品。

　　热与一种称为热能的能量密切相关。热能是物体因其温度而具有的能量。热就是从较温暖的物体转移到较冷的物体时产生的热能。

　　太阳是最重要的热源。太阳的热量使地球保持温暖，并帮助人类、植物和动物生存。地球内部也有自己的热量。当一座火山爆发时，其中一些热量会逸出地表。

　　化学反应可以产生热。燃烧是化学反应的一个例子。当木材、天然气或其他燃料与空气中的氧气混合时就易发生燃烧。将一个物体与另一个物体摩擦也会产生热。

　　通过金属和大多数其他材料的电流也会产生热。当原子的核分裂或聚合时会产生核能。核能产生大量的热。

　　延伸阅读：沸点；能量；火；熔点。

太阳　从太阳内部的核反应中产生热量。地球上的所有生命都依赖于太阳的热量。

地球　内部有很多热量。当火山爆发时，其中的一些热量会逸出地表。

化学反应　物质的化学变化会产生热量。燃烧是一种化学反应，氧与物质迅速结合，如火柴的梗。

摩擦　一个物体与另一个物体的摩擦产生热量。露营者通过摩擦两根木棍来磨摩擦生火。

热源包括太阳、地球、化学反应和摩擦。电能和核能是另外两种热源。

溶剂

Solvent

　　溶剂是使另一种物质溶解以形成溶液（混合物）的物质。水是最常见的溶剂。它溶解各种各样的物质。

　　溶剂也指溶液中以较大量存在的物质。较少量存在的物质称为溶质。

　　大多数溶剂都是液体。如果你将食盐加入一杯水中，盐会溶解。在这个例子中，水是溶剂，盐是溶质。产生的盐水是溶液。普通盐和糖等物质在水中可溶。也就是说，它们会溶解在水中。不溶于某种物质的物质称为该物质的不溶物。然而，许多不溶于一种物质的物质可能溶于另一种物质。例如，油不溶于水但可溶于汽油。

　　溶剂有很多用途。它们用于生产清洁剂、油墨、油漆和尼龙等人造纤维。

　　延伸阅读：液体；溶体。

溶体

Solution

溶体是两种或更多种物质的混合物，其中至少一种物质溶解（分解）成另一种物质。溶体可以是液体、固体或气体。导致另一种物质溶解的物质称为溶剂。溶解的物质称为溶质。

最著名的溶体是液体溶体，由液体、固体或气体溶解在液体中时形成的溶液。例如，柠檬汁是一种液体，可以与另一种液体水混合，制成称为柠檬水的溶液。糖是一种固体，可以溶解在柠檬水中，使其更美味。用于制造软饮料的碳酸水是用水（液体）和二氧化碳（气体）制成的溶液。

当溶液冻结时通常形成固溶体。将柠檬水倒入冰块托盘并冷冻，使冰块成为固溶体。标准银是另一种固溶体，由熔化的银和铜混合并冷却制得。金属溶体称为合金。

空气是气态溶体的一个例子。它由氮气和氧气以及少量的氩气、二氧化碳和其他气体组成。

延伸阅读： 气体；液体；固体；溶剂。

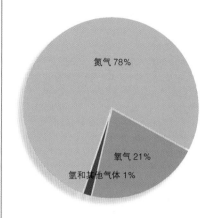

空气是气态溶液的一个例子。它由混合在一起的不同气体组成。

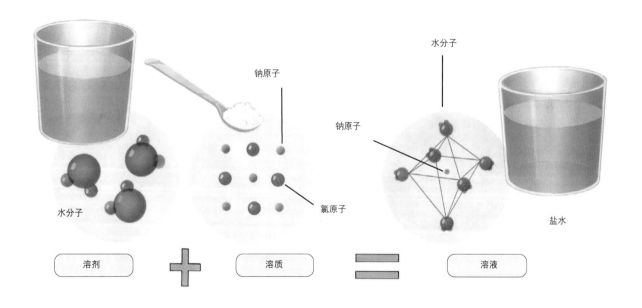

将食盐加入一杯水中，盐会溶解。水是溶剂，盐是溶质。产生的盐水是一种溶液。在盐溶液中，钠和氯的原子被水分子包围。

熔点

Melting point

熔点是物质从固体变为液体的温度。不同的物质具有不同的熔点。金属钨具有 3 410 ℃ 的高熔点。固态氢在 −259 ℃ 的低温下熔化。

材料的熔点部分取决于材料是纯物质还是混合物。纯物质可以是纯化学元素。化学元素，如铁，就是仅具有一种原子的材料。纯物质也可以是简单的化合物，例如纯醇。化合物是具有一种以上原子通过化学键结合的物质，混合物由两种或多种非化学键结合的物质组成。

纯物质在特定温度下熔化。混合物在不同温度下熔化，这取决于混合物中每种物质的量和类型。钢是一种简单的混合物，它会在不同温度下熔化，其熔点取决于混合物中每种物质（如铁或镍）的含量。

延伸阅读：热；液体；固体；温度。

纯物质的熔点与该物质凝固的温度相同。纯冰的熔点和凝固点为 0 ℃。

S

三角形各部分名称

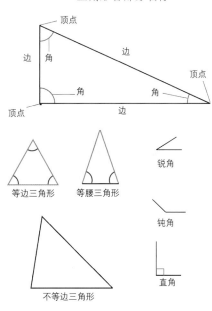

根据边长和角的角度对不同种类的三角形进行分类。在这些图中，蓝线标记三角形的相等边。红色符号标记相等的角度。绿色方形标记为直角，角度为90°。

士兵使用三角函数和地图进行导航。

三角形

Triangle

　　三角形是平面形状，具有三个直边。这些边在称为顶点的三个点相遇。每个顶点与两个边形成一个角。三个角度的总和始终为180度，通常写为180°。度是角的测量单位。

　　有三种不同类型的三角形。不等边三角形具有不同长度的三个边。等腰三角形具有至少两个相等的边。等边三角形具有相等长度的三个边。

　　三角形也可以按角度排序。每个角度小于90°的三角形是锐角三角形。钝角三角形的一个角度大于90°。直角三角形有一个直角，即90°。

延伸阅读： 角；度；几何形状。

三角学

Trigonometry

　　三角学是处理三角形的数学分支。它涉及角度和三角形边之间的关系。三角学用于诸如天文学和物理学等学科中。三角学也用于导航和测绘，人们使用导航来确定船舶或车辆等的位置和路径，而测绘涉及对大地的测量和绘图。

　　三角形有三条边和三个角。三角学显示三角形的这六个部分是如何相关的。一个人可以使用三角法为三角形的未知部分"填空"。例如，你可能只知道三角形一边和两个角度的测量值，但是你可以使用三角学来找到三角形的另外两边和剩余角度的值。

　　平面三角学涉及平面上的三角形，例如一张纸。球面三角学涉及球面上的三角形，例如地球表面。

延伸阅读： 角；数学；三角形。

射线

Ray

射线是能量线或能量流。世界上有许多种类的光线，包括 X 射线、伽马射线、紫外线、红外线（热射线）和可见光。所有这些射线都是光的形式，它们也称为电磁波。电磁波是电和磁影响的传播形式。可见光是人类可以看到的唯一一种电磁波。电磁射线以每秒 300 000 千米的速度穿过太空，这是任何物体可以达到的最快速度。

所有光线都可以通过三种方式进行改变，即反射、折射和衍射。光线从某些材料上会反射回来。例如，可见光从镜子反射。当光线从一种物质进入到另一种物质时，光线会发生折射。例如，当光线进入棱镜时，光线会折射。当光线靠近物体或通过小孔时会被衍射。例如，光波在绕过物体时会产生衍射，这使物体阴影的边缘看起来模糊。

延伸阅读： 电磁波谱；光；辐射。

光线穿过针孔后产生衍射。如果光线通过镜头，它们会发生折射，然后在焦点处再次聚集。

摄尔修斯

Celsius, Anders

安德斯·摄尔修斯 (1701—1744) 是发明摄氏温标的瑞典天文学家。摄氏温标用于确定公制系统中的温度。

1736 年，摄尔修斯参加了一次到拉普兰的探险，这次探险有助于证明地球在北极和南极周围是平的。他赢得的名声帮助他筹集资金在瑞典乌普萨拉建造了一座天文台。摄尔修斯也首先将极光与地球磁场中的干扰联系起来。

延伸阅读： 摄氏温标；磁场；温度。

摄尔修斯

摄氏温标

Celsius scale

摄氏温标是一种度量温度的方法。摄氏温标是公制系统的一部分。大多数国家都使用摄氏温标。美国人则通常使用华氏温标。

摄氏温标是基于水的冰点和沸点而建立的。冰点是水变成冰的温度，沸点是水变成蒸汽的温度。摄氏温标将它们之间的范围分成 100 个相等的部分，每一部分称为 1 摄氏度。

摄氏度的符号是℃。在摄氏温标上，0 ℃是水的冰点，水的沸点为 100 ℃。摄氏温标以其发明者瑞典天文学家摄尔修斯的姓氏命名。

延伸阅读： 摄尔修斯；温度。

该温度计显示摄氏温标。

砷

Arsenic

砷是一种有毒的化学元素。化学元素是仅含有一种原子的物质。砷会导致癌症。它被用来制造杀死有害动物、昆虫和杂草的毒药。它也被添加到一些金属中以使它们更硬。

过去，人们使用砷作为药物。他们认为它可以治愈一些疾病。砷今天不再用作药物。

砷有三种形式，分别称为灰砷、黄砷和黑砷。当灰砷被加热时，它会直接从固体变为气体。

砷通常存在于矿石中，其中还含有硫、氧或金属。加热矿石可将砷与矿石中的其他物质分离。

延伸阅读： 化学元素。

砷是一种有毒的化学元素。处理时应使用防护设备。

渗透

Osmosis

渗透是液体通过膜从一种溶液移动到另一种溶液中的过程。溶液是两种或更多种物质的混合物，其中一种或多种物质溶解于另一种物质。膜是一种薄的皮肤状物质，一些物质可以通过，而其他物质则不能。

溶液由称为溶剂的液体和溶解在液体中的称为溶质的物质组成。在渗透过程中，含有较少溶质的溶液其溶剂通过膜中的微孔移动到溶质较多的溶液中。溶质不能通过膜，因为它的分子比孔大。最终，两种溶液含有相同含量的溶质。

渗透是生物必不可少的过程。植物通过渗透吸收大部分水分。在动物中，渗透有助于将水和营养物质带入体液和细胞。

延伸阅读： 吸收和吸附；液体；溶体。

在渗透过程中，含有营养物质的水从土壤中通过覆盖在根毛上的膜，进入植物的根部。

升华

Sublimation

升华是固体直接转变为气体或蒸气的过程。通常，固体物质在加热时会熔化成液体，进一步加热会使液体变成气体，但在升华中，物质不会变成液体，它直接从固体转变为气体。

一些常见材料，包括碘和干冰（固体二氧化碳），在正常条件下会升华。这些物质被认为是纯化了。许多物质，包括水冰，都会在不寻常的条件下升华。

升华可用于分离或纯化某些材料。称为冷冻干燥的过程通过升华除去冰和其他物质中的水。冷冻干燥技术用于食品保鲜。

延伸阅读： 凝固点；气体；熔点；固体；蒸气。

干冰是固体形式的二氧化碳，在常温下升华，从固体变为气体。

生物化学

Biochemistry

生物化学是研究生物体内发生的化学反应的科学。研究这些反应有助于科学家了解生物的生长和生活方式。

生物体含有称为分子的微粒。生物化学家研究分子的形状。他们还试图了解哪些化学物质构成不同的分子。该研究有助于生物化学家了解化学反应。

化学反应在生物发生的几乎所有事件中都起着重要作用：动物利用这些反应将食物转化为能量；植物通过化学反应来利用阳光中的能量获得养料；人类使用化学反应来消化食物并运动他们的肌肉。

生物化学研究在许多方面都很有用。它帮助医学科学家治疗疾病，还有助于农民种植更多更好的作物。

延伸阅读：化学；分子。

生物化学家研究生物体中发生的化学反应。

生物物理学

Biophysics

生物物理学是通过使用物理工具和方法研究生物的科学，物理学则是研究物质和能量的科学。

许多生物物理学家研究细胞内的分子。分子是由两个或多个原子组成的微小化学单元。细胞是构成生物的微小构件。在生物物理学中，科学家试图弄清楚分子如何在细胞内发挥作用。

生物物理学中使用的一种工具是电子显微镜。它让科学家们可以看到细胞的细部。

生物物理学中使用的另一种工具是 X 光机。科学家用它向分子发射 X 射线。光线穿过分子时会弯曲。光线弯曲的方式提供了相关分子形状的信息。

延伸阅读：物理；X 射线。

生物物理学家通过电子显微镜检查植物细胞，电子显微镜是生物物理学中的重要工具。

声速

Speed of Sound

声速是声波传播的速度。声音的速度可能会发生变化，这取决于声波所经过的具体材料。声音通过液体和固体比通过气体传播得更快。温度也会影响声速。通过较温暖的材料，声音几乎总是比通过较冷的材料传播得更快。

在海平面和15 ℃环境中，声音以1 228千米/时的速度通过空气传播。但是在100 ℃时，声音以1 391千米/时的速度通过空气传播。在25 ℃时，声音以5 512千米/时的速度通过海水传播。相同温度下，声音以18 763千米／时的速度通过钢铁传播。

光速比声速快。因此，人们在听到雷声之前会先看到一道闪电。

延伸阅读： 光速；音爆；声音。

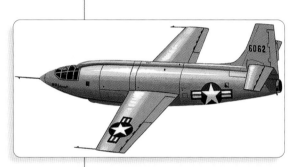

美国实验火箭飞机贝尔 X-1 于1947 年成为第一架飞行速度超过声速的飞机。

声学

Acoustics

声学是对声音的研究。它包括如何产生、发送和接收声音，有时也可指音响效果。

人们在房间和建筑物的设计中应用声学原理，使房间安静。人们还可以设计为听音乐提供更好条件的房间。声学原理在礼堂、教堂、大厅、图书馆和音乐厅的设计中很重要。几个因素会影响房间的音响效果：房间的大小和形状会影响声音质量，天花板、墙壁和地板吸收或阻挡不需要的声音的能力也是如此。房间的表面也可以反射声音，这些反射被称为混响。有时在长距离情况下，可以以回声的形式听到混响。声学也用于控制噪声污染。噪声污染的主要来源包括飞机、建筑

学校礼堂的吸声瓦通过抑制背景噪声和混响（声音反射）来提高学生听到的声音效果。

设备、工厂和机动车辆。

　　人们以多种方式控制噪声污染，如可以降低其他东西产生的噪声。此外，还可以阻止噪声从一个地方传递到另一个地方。最后，可以使用设备吸收噪声。例如，消声器可以消除汽车发动机的噪声，厚重的墙壁可以阻挡噪声，特殊材料的家具可以吸收噪声。强烈的噪声会损害人的听力，在嘈杂的地方工作的人可戴耳塞或耳罩进行保护。

　　延伸阅读： 回声；声音。

声音

Sound

　　声音是我们能听到的东西。我们听到的每一个声音都是来自物体的振动，而这种振动是物体快速、微小的来回或上下运动。当物体振动时，周围的空气也会振动。空气中的这些振动从物体向各个方向传播。当振动进入我们的耳朵时，大脑将它们解释为声音。

　　声音这个词也指由振动产生的行波。从这个意义上说，即使没有人能够听到它，某些东西也能发出声音。

　　声波就像水波。如果你将一块小石头扔进一个静止的池塘，你会看到一圈波浪从石头落水的地方向外传播。但是声波与水波有很大不同。水波只沿着水面传播。也就是说，这些波只在二维空间上传播。而声波在三维空间中传播。你可以将它们视为从振动源向各个方向扩展的球体。

　　除空气之外声音还可以通过许多材料传播。声波可以穿过水、大地、木头、玻璃、砖或金属。但是外太空没有声音，

当演奏者向乐器内部吹入空气时，长号会振动发出声音。

所有声音都是由振动引起的。青蛙把空气压在声带上使声带振动而发出声音。

因为没有空气或其他物质来传播声波。

科学家以多种方式描述声波。这些方式包括频率、音调、波长、强度和响度。当物体快速振动时，会产生许多靠近在一起的声波。频率是物体在一定时间内产生的振动次数。低频波传输缓慢，波形松散；高频波传输快速，波形紧凑。科学家使用赫（兹）的单位来度量频率。1赫等于每秒振动一个周期。

大多数人都能听到频率在 20 ～ 20 000 赫之间的声音。例如，人的声音可以产生 85 ～ 1 100 赫的频率。蝙蝠、猫、狗、海豚和许多其他动物可以听到频率远远超过 20 000 赫的声音。

音高是声音的高低。高音波比低音波振动得更快。波长是从一个波峰到下一波峰的距离。较短的波比较长的波具有更多的能量。强度是声波功率的度量。强度与响度不同。响度指的是当我们听到它时声音的强弱。

延伸阅读： 分贝；回声；频率；无线电波；音爆；振动；波长；波。

声音的强度用分贝来度量。每增加10分贝就代表声波的功率增加十倍。

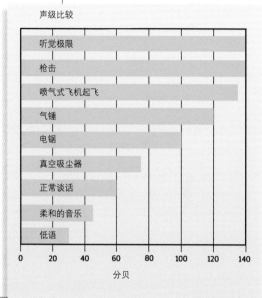

音叉根据振动的方式发出律音。

当一个振动物体使其周围的物质振动时，就形成声波。声波传播的物质称为声音媒介。如果没有声音媒介，则没有声音。声波通常通过空气和水传播，但它们也可以通过铁和许多其他物体传播。

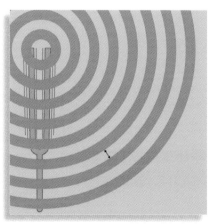

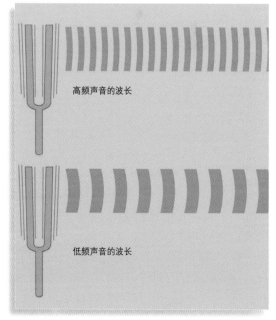

频率是物体在一定时间内产生的振动次数。随着频率增加，波长减小。声音的频率决定了它的音高。高音的声音频率高于低音的。

十进制数系

Decimal system

十进制数系是用于计数的系统。在该数系中，可以使用 10 个基本符号 1、2、3、4、5、6、7、8、9 和 0 来写出任何数字。这些符号被称为数字。

十进制数系中数字的值取决于它在数中的位置。因此，十进制数系称为位值系统。最右边的数字占据了个位数，第一个数字左边第二个数字占据了十位数，第二个数字左边第三个数字占据了百位数，第四位的数字占据了千位数，依此类推。

每个位置的值比右边位置的值大 10 倍。因此，一个数字左侧的数字离右侧越远则数值越大。例如，数字 328 中的数字 2 代表 20，然而，数字 287 中，数字 2 代表 200，这是 20 的 10 倍。

十进制数系使用称为小数点的特殊符号来写出小于 1 的数字。例如，数字 0.5 表示与一半相同的东西。小数点读作"点"。数字 7.5 读作"七点五"，这意味着与七个半相同。

印度的数学家约在 2000 年前创建了十进制数系。阿拉伯人在 8 世纪征服了印度部分地区之后学会了这个数系并把它们传播到中东和北非。

欧洲许多人在 15 世纪开始使用十进制。在那之前，欧洲人用一种叫罗马数字的系统计数。罗马数字写成一组字母。你不能像使用十进制数系一样，通过更改它们的位置来更改这些字母的值，这就使得编写大数变得非常困难。例如，数字 3 673 用罗马数字表示就要写成 MMMDCLXXIII。罗马数字也难以作加、减、乘、除运算。

延伸阅读： 数字；数；零。

在十进制数系中，每个位数的值是其右边位数值的 10 倍。在下面的数字中，238 中的符号 2 大于数字 832 中的 2，因为 238 中的 2 比 832 中的 2 更靠左。

石灰

Lime

石灰是工业中使用的重要化学品。有一种石灰只含有钙（钙是一种常见的矿物质）和氧，这种石灰有时被称为生石灰。另一种石灰称为熟石灰，通过向生石灰中添加水可以制造熟石灰。

　　熟石灰用途广泛。工人用它来清洁铜和其他金属,它还可以去除水中的某些矿物质。许多农民在田地上撒石灰以降低土壤中酸的含量,因为土壤中过多的酸会干扰植物的生长。石灰还可以加固高速公路和机场跑道下的土壤。一种称为砂浆的材料充填在建筑物墙壁的砖块或石头之间,它就是由石灰、沙子和水组成的。石灰也是石膏和普通硅酸盐水泥的关键成分。

　　延伸阅读:钙。

许多农民在田地上撒石灰,以减少土壤中有害的酸的含量。

石蕊

Litmus

　　石蕊是化学中使用的物质,用于显示某些物质是酸性还是碱性。酸是某些往往具有酸味的化学物质,碱往往有苦味和滑溜的感觉。酸和碱都会刺激皮肤。

　　石蕊可以以酸性形式制备,其为红色;以碱性形式制备则为蓝色。石蕊可以被添加到吸水纸上以制作石蕊试纸,纸是蓝色或红色取决于存在哪种形式的石蕊。含有大量酸的液体会使蓝色石蕊试纸变红,但不会影响红色石蕊试纸。碱性溶液将红色石蕊试纸变成蓝色,却不会影响蓝色石蕊试纸。中性(无论是酸还是碱)的溶液不会改变任何一种石蕊试纸的颜色。

　　科学家从地衣中获得石蕊。地衣是生长在岩石和树木上没有根、茎、叶或花的生物。石蕊也被用作染色剂,使物体在显微镜下更容易被看到。

　　延伸阅读:酸;碱;氢离子浓度指数。

石蕊试纸用于测试酸和碱的强度。

时间

Time

时间是世界上最深奥的谜团之一。我们经常认为时间在流动或前进。我们还将时间视为将事件按特定顺序排列的一种方式，例如你记得在度假时，你在水上乐园度过了一天之后去了一个科学博物馆。但这些想法只描述了我们体验时间的方式，它们没有解释时间到底是什么。纵观历史，人们一直在努力更好地了解时间。

时间和变化是相关联的。当你读到这句话时——你正在经历现在。现在，阅读上一句话的事件已经逐渐消失。新事件正在成为现在的一部分。阅读前一段的简单行为揭示了我们时间经验的三个重要特征。首先，现在的时刻似乎比过去或未来更真实。其次，我们倾向于将时间视为运动或流动的。第三，时间似乎常常以不同的速度流逝。一小时的沉闷课程似乎比玩一个小时激动人心的视频游戏要长得多。

这些看似简单的特征导致了关于时间的难题。时间真的"流动"了吗？如果确实如此，这是怎么发生的？为什么时间似乎只朝一个方向流动？是否有可能让时间向后移动而回到过去？过去、现在和未来真的不同吗？

今天的科学家们知道，时间可以通过两种不同的方式减缓或加速。首先，运动越快，时间越慢。一个典型的例子是一组同卵双胞胎。双胞胎中的一个住在地球上，另一个登上了一艘太空船，这艘船可以接近光速的速度航行。在太空船上快速行驶几个小时之后，双胞胎的第二个返回地球。旅行结束后，太空船上的那个双胞胎几乎没有变老，然而，留在地球上这个双胞胎年龄要大得多。

其次，重力可以改变时间流逝的速度。例如，站在地球上的人比在太空中漂浮的人的时间要慢。地球的引力减慢了站在地球上的人的时间。

机械钟发明之前用于计量时间的装置包括沙漏和日晷。

　　古人可能会通过观察一次又一次的自然变化来记录时间。他们注意到天空中物体的运动。太阳升起和落下成了一天。古人也看到月亮似乎每天都有一点点变化——从弯曲的形状到圆形，然后又是弯曲的形状。这个变化发生在 29 天半的时间内，这段时间就定为一个月。

　　季节的变化给了人们另一种记录时间的方式。他们看到太阳似乎在恒星之间缓慢向东移动。经历了四个季节——冬季、春季、夏季和秋季，太阳在天空中绕了一圈。这个季节的周期大约需要 365 又 1/4 天。这段时间定为一年。

　　日晷是用于测量时间的最早工具之一。日晷有一个指针，当太阳照射它时会投下阴影。当太阳在白天从东向西移过天空时，阴影会移动并指向指示时间的数字。

　　沙漏通过穿过细管的沙子来记录时间。水钟通过让水从一个容器缓慢地滴入另一个容器来记录时间。

　　到了 18 世纪，人们发明了钟表。这些早期的机器能够精确报时。电钟出现在 19 世纪中期。这些电钟用电流代替发条作为动力来驱动时钟机构。在 20 世纪，人们发明了几种记录准确时间的新方法。例如，许多现代时钟依靠石英晶体的振荡来记录时间。石英晶体每秒振荡一定次数。原子钟计时最精确。这些原子钟使用单个原子的属性来计时。原子钟的误差在数百万年内能不超过一秒钟。

　　延伸阅读： 引力；相对论。

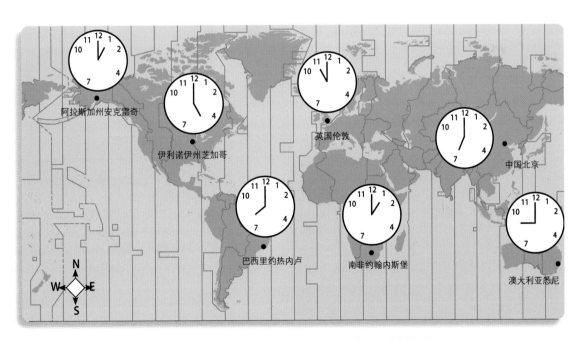

世界分为 24 个时区。因此，从一个时区向东移动到另一个时区时需要向前调节时钟。

实验室

Laboratory

实验室是一个为人们进行科学实验提供设备的地方。实验帮助科学家研究许多不同的事物，并从结果中学习。实验室还为许多领域的科学家和学生提供训练场地。实验室可以设置在学校、研究机构、工业组织和政府部门中。

医学研究人员在实验室开发新药。医疗技术人员使用实验室来研究人们的血液和身体组织，以找出生病的原因。这些研究人员和技术人员大多在医院、公共卫生组织和医学研究机构工作。

研究地球的科学家可以在实验室中使用仪器来确定不同岩石的组成。其他科学家也可以在实验室中观察动物和植物。工程师们对材料的强度进行实验室测试。

在实验室，人们发现了许多有用的产品。计算机、超导体（自由导电的材料）、各种织物以及许多其他东西都是在实验室中开发出来的。

1867 年，美国发明家爱迪生（Thomas Alva Edison）创建了第一个现代研究实验室。一些科学家和历史学家认为他的研究实验室的发展是他最大的成就。爱迪生在新泽西州西奥兰治的实验室现已成为国家历史遗址。

延伸阅读： 化学；物理。

理科学生在高中科学实验室进行实验时会戴上防护装备。

一位科学家在一个设有手套箱的特殊实验室工作。该安全装置可保护他免受样品中可能存在的微生物侵害。它还可以防止异物进入样品。

爱迪生在他位于新泽西州西奥兰治的实验室中得到并改进了他的许多发明。该实验室为化学、机械和电气实验提供了空间。实验室和爱迪生的家现在是托马斯爱迪生国家历史公园的一部分。

势能

Potential energy

势能被认为是"储存"的能量。它来自物体的位置或其他条件。势能与动能不同，动能是运动的能量。

动能和势能可以从一种形式转变为另一种形式。例如，一个在秋千上向后摆动的女孩在秋千顶部有势能。这种能量来自她在秋千的位置。当她向下摆动时，这种势能转化为她运动的动能。

势能有很多种。煤具有化学能形式的势能，能量存储在构成煤的原子的排列中。燃煤发电厂可以将这种储存的化学能转化为电能，电池以化学能的形式存储势能，可以转化为电能。

延伸阅读： 能量；动能；运动。

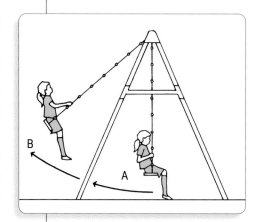

女孩已经从 A 位置回到 B 位置，在她悬挂在 B 位置开始向前移动时，她有很多势能，而没有动能。

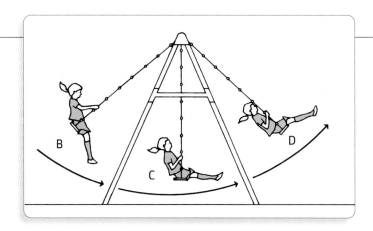

图片中秋千上的女孩展示了势能如何变成动能。

数

Number

数供我们用来谈论事物的数量。数告诉我们"多少"。数也可以告诉我们事物的顺序。我们可以用文字、手势或符号来表达数。数的符号称为数。当我们想要写下一个数时，我们可以用数字或单词表达。

阿拉伯数字是最常用的数的符号。每个数都可以使用 10 个阿拉伯数字符号表示。这些符号被称为数字，它们分别为 0、1、2、3、4、5、6、7、8、9。在阿拉伯数字中，数字的位置告诉我们它的值。例如，数字二百三十七的阿拉伯数字是 237。该数字表示 2 个百加 3 个十再加 7 个一。

　　数分几个种类。自然数是计数的数：1、2、3 等，它们趋向于无穷。整数包括所有自然数以及零和负整数：−1、−2、−3 等。整数也有无数多个，即便如此，有一些数字不是整数。有理数包括分数，即整数之间的数量，例如 1/2 和 −5/3。还有其他的数不是整数或分数，这些数在高等数学中很重要。

　　延伸阅读： 加法；十进制数系；除法；分数；古戈尔；数学；乘法；减法。

105
阿拉伯数字

9 ⫿⫿⫿
埃及数字

CV
罗马数字

阿拉伯数字（上）是最常用的符号。埃及（中）和罗马（下）数系中没有零。为了写出诸如 105 之类的数字，人们使用符号 100 和 5。

数学

Mathematics

　　数学是研究数量、尺度以及对象或想法之间关系的学科。它是最有用的知识之一。要解决数学问题，人们必须仔细思考。数学这个词来自希腊语，意思是倾向于学习。

　　人们每天都以多种方式使用数学。人们用数学计算时间和金钱。科学家使用数学进行实验并研究其结果。工程师使用数学来设计桥梁和车辆。商业人士使用数学来记录销售情况。有些人因为喜欢数学而学习数学，就像很多人为了好玩而解决谜题一样。数学思想为许多科学技术的进步铺平了道路，包括发动机驱动的机器、计算机和太空旅行。

　　数学有许多分支。不同的分支研究不同类型的问题。但是，不同的数学分支使用许多相同的事实、想法和步骤来解决问题。算术是对数的研究。人们使用算术来处理整数，以及如 1/2 和 1/4 那样的分数、0.10 和 0.25 这样的小数。人们使用算术加、减、乘和除。算术中使用的技能用于许多其他类型的数学。

算术是数学的一个分支。学生正在黑板上写一道算术题。

代数是数学的一个分支。它使用数字和字母（如 x，y）来表达未知数。

人们用数学来数钱。

我们用数学来报时和制定时间表。

代数也适用于数字，但代数问题也可能包含未知数。诸如 x 和 y 的字母用于表示未知数。代数也使用小于零的数字，称为负数。

几何研究形状。平面几何涉及正方形、圆形、三角形和其他平面形状，立体几何则涉及空间的形状，包括立方体、球体和圆锥体。

其他类型的数学包括微积分和三角学。微积分是对数量变化的研究，例如曲线的变化斜率。三角学涉及测量角度和距离。数学还包括概率研究。概率用于弄清楚某些事情是否可能发生。集合论是数学的基本分支，它研究集合的性质和逻辑关系（数、对象甚至想法的集合）。

早期的人可能会用手指数数。有时他们使用鹅卵石、在绳子上打结或制作标记来计算东西。

大约 5 000 年前，古埃及人用象形文字来表示数字。埃及人用数学来测量田地并建造金字塔。

古巴比伦人为数学做出了重要贡献。他们开发了基于数字 60 的数字系统。我们现在还使用这个系统来计算秒数和分钟数。

古希腊人是第一批将数学作为一门学科学习的人。他们找到了证明某些想法正确性的方法。中国人开发了一个使用分数、零和小于零的数字的数字系统。中美洲的玛雅人和印度的印度教徒也开发了使用数字零的数字系统。

延伸阅读：数；几何；微积分。

数学用于记录棒球和其他运动的得分。

数字

Digit

数字是 0 到 9 之间的任何数。数字是代表数的符号。我们经常使用数字来表示特定的数值。例如，数值 3 954 具有四个数字。

阿拉伯数字是最常用的符号。使用阿拉伯数字，数字的位置决定了它的值。例如，数字二百三十七的阿拉伯数字是 237。这个数字意味着 2 个百加 3 个十加 7 个一。

数字一词来源于拉丁文 digitus，意思是手指。这是因为人们开始时是使用他们的 10 个手指计数。出于这个原因，世界上几乎每个人都使用 10 进制进行计算。

延伸阅读： 十进制数系；数。

数字一词来源于拉丁文 digitus，意思是手指。这是因为人们首先用手指进行计数。一、二、三和四的早期罗马数字看起来像手指笔直向上。当您的手展开时，五个罗马数字看起来像是拇指和食指之间的空间。罗马数字 10 看起来像两只交叉的手。

水力学

Hydraulics

水力学是研究液体行为的学科。在水力学中，科学家研究液体在流动和静止时它们的作用方式。某些情况下，一些水力学定律适用于气体。

工程师学习水力学来设计和制造东西。一些工程师研究管道和渠中的水流。他们设计运河和其他系统来控制洪水、灌溉庄稼、为城镇提供水并带走污水。

其他工程师研究管道中压力下的液体流动。他们使用水力学设计通过液体的流动做功的装置。这种装置称为液压装置。液压装置用于汽车制动器和动力转向系统，飞机和航天器的控制系统以及建筑设备。

延伸阅读： 气体；液体。

水文学

Hydrology

　　水文学研究水的运动和分布。人们每天使用上百亿升的淡水。水文学家作为专门研究水文学的科学家致力于寻找水源,研究水的化学和物理特性。在自然界中,水的循环过程称为水文循环或水循环。

　　一些水文学家试图预防或减少水污染,他们还研究水污染的影响。水文学家帮助规划水坝和灌溉项目,水文学还向科学家提供预测和控制洪水所需的信息。

水蒸气

Steam

　　水蒸气是已经变成气体的水。它的温度至少达到100 ℃。蒸汽没有颜色。你在水壶的壶嘴上看到的白雾不是水蒸气,而是一团微小的水滴。水蒸气冷却时会形成白雾。温度远高于沸点的水蒸气称为过热蒸汽。

　　沸腾的水产生水蒸气。水保持在100 ℃,它就会变成水蒸气。水必须吸收大量的热量才能变成水蒸气。当水蒸气冷却并变回液态水时,热量又会被释放。

　　水蒸气用于将能量从一种物质(例如煤、木材或天然气)转移到需要这种能量的地方。例如,煤可用于加热水以产生水蒸气。水蒸气用于驱动涡轮机,接着涡轮机驱动发电机,产生电力。水蒸气也用于家庭供暖,与化学品一起工作和制作纯净的食物。

延伸阅读:沸点;冷凝;蒸发;蒸气。

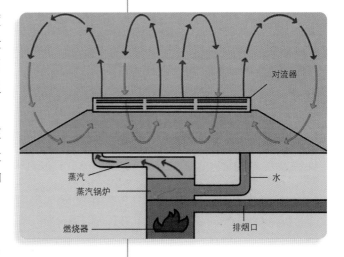

对流器
蒸汽
水
蒸汽锅炉
燃烧器
排烟口

水蒸气是无色的。站远点观察一个沸腾的水壶(请一个成年人陪着你一起观察)。当喷口的水蒸气从水壶中离开时,它迅速凝结(变冷,变回微小的水滴)。冷凝使你可以看到白雾。这些是水雾,而不是水蒸气。

速度

Velocity

速度是物体在给定方向上在空间移动的比率。速度以路程和时间的组合为单位表示，例如千米/时。

速度与速率不同。速率描述运动变化率，但它没有描述运动的方向。速度总是描述运动速率和运动方向。

速度可以是均匀的或可变的。具有均匀速度的物体将以相同的方向和相同的速率行进。具有可变速度的物体在行进时会改变其速度或方向。运动物体速度的变化称为加速度。加速度是指速度在一定时间内变化的程度。

延伸阅读： 加速度；运动。

速度与速率不同。速率描述骑自行车者或其他物体运动的变化率，速度则还描述了该运动的方向。

酸

Acid

酸是一种化学物质。所有酸在某些方面都是相似的，它们有酸味，它们会使人的皮肤刺痛或灼伤。一种名为蓝色石蕊纸的特殊纸浸入酸中会变成红色。酸可以溶解许多物质，有些强度的酸足以溶解某些金属。

人们在自然界中发现了许多酸。例如，人的胃中含有一种有助于消化食物的酸。其他酸存在于柑橘类水果、维生素 C 和阿司匹林中。生物中的蛋白质由氨基酸组成。

许多酸是有毒的，有些酸会导致严重灼伤。强酸在工业中用于制造油漆、塑料和其他产品。

称为碱的化学物质可以中和酸。也就是说，在酸中添加碱会削弱酸，直到两者平衡。

延伸阅读： 酸；碱；石蕊；氢离子浓度指数。

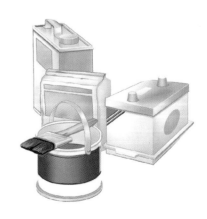

酸可以用于制造许多物品，包括纸张、油漆、肥料和汽车电池。

算法

Algorithm

算法是一种解决数学问题的步骤和方法。算法的每一步都有精确的指令。许多算法涉及到反复执行相同的运算，直到实现某个结果。

人们经常使用计算机来执行算法。其中一种最著名的算法称为欧几里得算法。它用于找出任意两个整数的最大公约数。最大公约数是两个数可以被除尽的最大数。

我们将较大的数字称为 a，较小的数字称为 b。以下是欧几里得算法的步骤：

首先，将较大的数字 a 除以较小的数字 b，计作 $(a \div b)$。我们称余数为 r。

如果余数 r 为 0，则 b 是 a 和 b 的最大公约数。但如果 r 不为 0，则将 b 除以 r，计作 $(b \div r)$。

如果新余数为 0，则 r 是 a 和 b 的最大公约数。如果新余数不为 0，则重复上一步，这次用新余数替换 r。

例如，你可以使用这个算法找到 15 和 10 的最大公约数。首先，将 15 除以 10，答案为 1，余数为 5，现在将 10 除以余数 5，答案是 2，没有余数，这个结果表明 5 是 15 和 10 的最大公约数。

延伸阅读： 欧几里得；数学。

钛

Titanium

22	Ti	2 8 10 2
	钛	
	47.867	

钛是一种坚固、质轻的银灰色金属。钛是地壳中相对常见的化学元素，化学元素是仅由一种原子构成的物质。由钛制成的物体比相同重量的钢制物体更坚固。钛可以耐海水和海洋空气中的盐引起的腐蚀。腐蚀是由气体或液体的化学作用引起的材料破坏。

合金是两种或更多种金属的组合。钛是合金中的重要元素。由钛合金制成的船舶和潜艇部件可长时间在盐水中工作而不会腐蚀。钛合金还用于制造许多其他物体，包括火箭发动机、人造膝关节和髋关节、自行车和高尔夫球杆。

虽然钛非常有用，但生产成本很高。它从未以金属形式自然出现，因为它极易与氧结合。在使用之前，必须将其从矿石中提炼出来。

延伸阅读： 合金；化学元素；金属。

一根钛晶棒。

碳

Carbon

6	C	2 4
	碳	
	12.0107	

碳是一种重要的化学元素。化学元素是仅由一种原子构成的物质。

碳是所有生物的必要组成部分。碳原子可以与许多其他化学元素的原子结合以形成化合物。这些化合物使生物可以构建细胞和其他身体部位。

地球上的大部分碳都存在于化合物中。科学家发现了超过 100 万种碳化合物。气体二氧化碳是碳和氧的化合物。碳氢化合物是另一种碳化合物。这些碳和氢的化合物是石油燃料和天然气的主要成分。

钻石是一种碳。

纯碳以四种形式存在于自然界中，它们是金刚石、石墨、无定形碳（或称"玻璃碳"），以及富勒烯。钻石是自然界中发现的最硬物质。石墨是一种用于铅笔的软矿物，它由称为石墨烯的薄而坚韧的薄层组成。木炭是一种无定形碳。富勒烯是具有许多碳原子的中空结构。最著名的富勒烯是巴克明斯特富勒烯，它由以足球形状结合在一起的 60 个碳原子组成，这种结构也称为"巴克球"。

延伸阅读：化学元素；碳氢化合物。

碳氢化合物

Hydrocarbon

碳氢化合物是一组重要的化学品。碳氢化合物仅由化学元素氢和碳组成。

碳氢化合物存在于石油和天然气中。汽油、煤油和航空燃料等产品是碳氢化合物的混合物。一些碳氢化合物存在于煤焦油和煤气中，许多其他碳氢化合物是由自然界中发现的碳氢化合物人工合成的。

一些化学公司使用碳氢化合物作为其产品的原料。一些公司使用来自某些类型的石油和天然气的碳氢化合物来制造塑料和橡胶等物品。

延伸阅读：碳；汽油；氢。

碳氢化合物是一种主要的能源，如图所示。

罐装的精炼煤气。

原油。

汽油用于汽车。

体积

Volume

体积指物体占用的空间量。固体和液体都有一定的体积。气体没有明确的体积，因为它们可以填满任何容纳它们的容器。

体积的度量单位是立方。它的各边的长度相同。通过将书的长度乘以其宽度和高度，可以得到书籍之类的实体的体积。固体可以以立方米或立方英尺作计量单位。

液体（例如水）的体积通常在具有显示不同体积标记的特殊容器中测量。在美国许多人用加仑、夸脱、品脱和液盎司来作计量液体体积的单位。1 加仑等于 4 夸脱，1 夸脱等于 2 品脱，1 品脱等于 16 液盎司。在公制系统中，液体以毫升和升为计量单位。1 升等于 1 000 毫升。

延伸阅读：密度；液体；公制系统；固体。

高　　长　　宽

体积是物体占用的空间量。固体和液体都具有一定的体积。通过将其长度乘以其宽度乘以其高度，可以得到长方形固体（例如书）的体积。液体（例如水）的体积通常在具有显示不同体积标记的特殊容器中测量。

铁

Iron

26　Fe　2 8 14 2
铁
55.845

　　铁是地球上最丰富的化学元素。化学元素是仅由一种原子组成的物质。

　　铁是一种银白色金属，但它很少以纯净态出现在自然界中。地球上绝大多数的铁都存在于地核中。

　　铁是世界上最有用的金属之一。它很便宜，可以单独使用，也可以与其他金属混合使用。它可以锤成薄片或拉成细丝。从烹饪锅到汽车都可以用铁来制造。由铁制成的最常见产品之一是钢。钢是经过合金化处理的铁（与化学元素碳结合，通常还与其他金属结合）。

　　我们使用的大多数铁来自矿石。矿工用机器挖出矿石，然后用机器粉碎它将铁与其他材料分开炼铁工人将铁熔化，然后将其倒入模具中。在模具内部，铁硬化成不同的形状。

延伸阅读：化学元素；金属。

钢铁用于建造建筑物并制造许多其他物品。

同位素

Isotope

同位素是化学元素的一种特殊形式。化学元素是仅由一种原子构成的物质。一种化学元素的不同同位素在其原子核中含有不同的质量数。

原子核由质子和中子组成。质子是带正电的粒子。中子不带电。所有元素的同位素都具有相同数量的质子，但它们有不同数量的中子。例如，每个氢原子都有 1 个质子，但氢的不同同位素分别具有 0 个、1 个或 2 个中子。

科学家使用特殊符号来识别同位素。他们经常使用化学元素的名称或符号后跟一个数字。例如，铀的一种同位素称为铀235或 U–235。U 是铀的符号。数字是同位素中质子和中子的总数。

一些化学元素具有许多天然存在的同位素。例如，锡有 10 种同位素。一些化学元素只有 1 种天然存在的同位素，这些元素包括氟、金和磷。

一些同位素是放射性的。这些同位素的原子随着时间的推移会衰减，以波或微小物质的形式释放出能量。科学家们在实验室中人工制造了许多放射性同位素。科学家使用放射性同位素来确定化石的年代、检查人体和治疗疾病。

延伸阅读： 原子；化学元素；中子；质子。

铜

Copper

铜是一种橙红色的金属。它是一种化学元素。化学元素是仅由一种原子构成的物质。原子是一种微小物质。

铜是迄今为止人们发现的最有用的材料之一。电流很容易通过铜。正因为如此，铜被用来制造电线，用于电气设备。铜也容易加热。这使得它成为制作厨房锅具和散热器的良好材料。铜易于成形，所以它可以用来制作雕塑。

铜不会生锈，可以保持很长时间。

全世界都有铜。北美洲和南美洲的山脉是铜的最大来源。

延伸阅读： 腐蚀；化学元素；金属。

这块岩石中既有纯净的、闪闪发光的铜(左)，也有略带红色的铜矿石(右)，它是铜和其他物质的混合物。

统计

Statistics

统计是用于收集和计算信息的一种方法。统计方法有助于人们识别、研究和解决许多问题。这些方法可以帮助人们在不确定的情况下做出正确选择。

人们在各种各样的工作中使用统计方法。医生使用这些方法来确定某些药物是否有助于治疗有特定疾病的人，天气预报员使用统计数据来帮助他们改进天气预报，工程师使用统计数据来帮助提高产品的安全性。统计思想有助于科学家设计实验并确定实验是否提供了准确的信息。经济学家使用统计数据来预测未来的经济状况，经济学家也研究商品和服务怎样产生以及如何向公众提供。

延伸阅读： 数学；概率。

全球鱼类和贝类年捕获量		
主要品种	年捕获量	
	英吨	吨
鲤鱼、鲃鱼	31 152 222	28 260 000
沙丁鱼、凤尾鱼	19 243 000	17 457 000
鳕鱼、黑线鳕	8 995 000	8 160 000
虾，对虾	8 680 000	7 874 000
金枪鱼、鲣鱼	8 093 000	7 342 000
蛤蜊、贝壳类	6 326 000	5 739 000
罗非鱼	6 105 000	5 538 000
牡蛎	5 701 000	5 701 000
鲑鱼、鳟鱼	4 817 000	4 370 000
鱿鱼、墨鱼、章鱼	4 439 000	4 027 000
扇贝	2 285 000	2 617 000
蟹	2 091 000	1 897 000
贻贝	2 042 000	1 852 000
比目鱼	1 345 000	1 220 000
鲨鱼、银鲛	852 000	773 000
鲱鱼	692 000	628 000
鲍鱼	670 000	608 000
龙虾	320 000	290 000
鳗鱼	268 000	243 000
磷虾	264 000	240 000

统计数据可以以不同方式呈现。右表显示了某些鱼类的年捕获量。

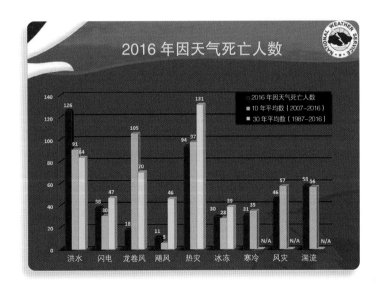

图表显示了两个不同时期每年因恶劣天气而死亡的平均人数。

图表

Graph

图表是一种用于比较事物的图形。图表显示尺寸或数字是变大还是变小或保持不变。

有四种主要类型的图表，它们是折线图、条形图、图形图和饼状图。

折线图是最简单的图表。它们是在网格上制作的。网格是页面或电子屏幕上的线条构成的。点位于这些线上或线之间。每个点代表一定的尺寸或数字。用一条线连接这些点，此线表示尺寸或数字是否已改变。在大多数折线图上，上升的线显示尺寸变大，下降的线显示它变小了。既不上升也不下降的线表明没有变化。

条形图使用不同长度的条形线来显示变化。较大的尺寸或数字具有更长或更高的条形，较小的尺寸或数字具有较或较低短的条形。

图形图使用图形而不是线条或条形，它们经常用于杂志和报纸。

饼状图，他们看起来像切成不同大小的馅饼，每一部分代表不同的数量。

延伸阅读： 数；统计。

有四种主要的图形：折线图、条形图、图片图和圆形图。

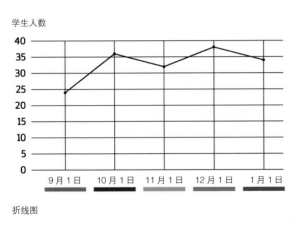

折线图

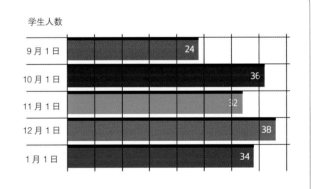

条形图

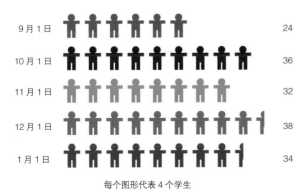

每个图形代表 4 个学生

图形图

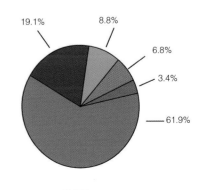

饼状图

椭圆

Ellipse

椭圆是具有扁平环状的图形。它可以使用绳子绘制。将绳子固定到两个点，这两个点称为焦点。每个焦点位于椭圆的一端。该绳子必须长于焦点之间的距离。然后将铅笔放在绳子中。铅笔围绕焦点一直拉，保持绷紧。最终可画出一个椭圆。椭圆上穿过焦点的线称为长轴。穿过长轴中间的线称为短轴。

在 17 世纪，德国天文学家约翰内斯·开普勒发现太阳系的行星在椭圆轨道上运行。太阳是行星轨道的一个焦点。

延伸阅读： 几何形状。

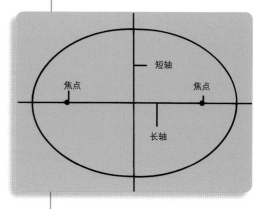

在几何学上椭圆的形状是一个平面的环。

瓦（特）

Watt

瓦特是广泛使用的电力单位。虽然瓦特是公制系统的一个单位，但它也用于尚未采用公制系统的国家。瓦（特）的符号是 W。它是以苏格兰工程师和发明家瓦特（James Watt）的姓氏命名的。在 18 世纪，他改进了发动机设计，使蒸汽动力首次派上用场。

灯泡上的数字显示其功率（使用以瓦为单位度量的功率）。例如，以 100 伏和 2 安工作的灯泡消耗 200 瓦（100 伏 ×2 安）（伏是用于度量电压的单位，安是用于度量电流的单位）。

瓦特还用于度量机械功率。如果机器在 1 秒内使用 1 焦的能量，则机器使用 1 瓦的功率。焦耳是用于度量机器或人工作量的单位。

延伸阅读： 安（培）；电力。

灯泡的瓦数（W）通常标记在灯泡的顶部，后面跟着一个大写字母 W。这个灯泡为 40 瓦。

微波

Microwave

微波是一种短的无线电波。微波是看不见的。它们的长度范围为 1 ～ 300 毫米。像可见光一样，微波可以反射，它们也可以结合起来使它们更强大。与可见光波不同，微波可以穿过雨、烟和雾。

微波很适合长距离和太空通信。微波可以通过地球大气的电离层。电离层将大多数其他无线电波反射回地球。许多卫星通信系统使用微波。电视节目可以使用微波在全世界传送。微波被发送到太空中的卫星上，然后传回地球的遥远之处。

用于在微波炉中烹饪食物的能量由高频无线电波组成。

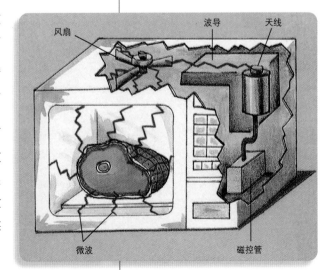

风扇　波导　天线

微波　磁控管

微波在第二次世界大战期间首次被广泛用于雷达（一种用于检测物体的装置）。微波炉用微波烹饪食物。此外，微波也用于手机和电话。

延伸阅读： 电磁波谱；无线电波。

微波炉烹饪速度快，因为它们直接在食物中产生热量。微波由磁控管中的电流和磁场产生。一个微小的天线将微波发送到称为波导的中空金属管中。在进入炉箱之前，微波通过风扇快速转动的金属叶片，被均匀地分散在整个炉箱中。微波炉中使用的微波能进到食物中大约4厘米深。它们通过使水分子振动来产生热能。水分子撞击其他种类的分子，导致它们振动。这种热量能传递到食物的深部。

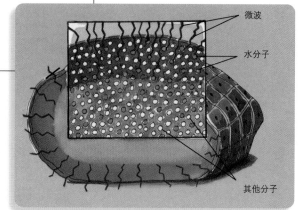

微波通过使水分子振动来产生热能。

微积分

Calculus

微积分是处理变化的量的数学分支。它经常被工程师、物理学家和其他科学家使用。他们依靠微积分来解决许多关于运动物体的实际问题。

几何学是数学的另一个分支，经常处理直线或简单的形状，微积分则处理曲线。例如，想象一下在空中投球，球以平滑的曲线飞行。随着它的飞行，它的运动速度和方向不断变化。微积分可以用来计算球沿曲线任何一点的速度。

微积分可以解决其他数学分支无法解决的问题。例如，空气动力学定律是用微积分写的。空气动力学是研究物体在空气中运动时作用在其上的力的科学。空气动力学定律可以描述飞机飞行期间作用在飞机上的力。

一些古老问题的解决方法也类似于微积分，但实际的微积分研究开始于17世纪。人们用微积分来研究行星的运动。最重要的微积分法则是在17世纪末由两个人发明的。一位是英国科学家牛顿爵士，另一个是德国哲学家莱布尼茨（Gottfried　W.Leibniz）。牛顿和莱布尼茨被称为微积分的创始人。

延伸阅读： 数学；牛顿。

温度

Temperature

　　温度是衡量某个物体冷热的指标。温度与热量不同。在科学中，温度是物质或物体所含的热能量。物体的热能水平取决于其原子和分子相互之间的运动。热物体比冷物体具有更高的能量水平。热是热能从一个物体到另一个物体的运动。

　　测量温度的工具称为温度计。温度计以不同刻度测量温度。温度计上的刻度显示度数，通常从最冷到最热。温度计的两个最常见的温标是华氏度（°F）和摄氏度（℃）。摄氏度在公制系统中使用。数字温度计以数字显示温度。

　　科学家认为温度有一个下限。如果去除物质中的所有热能，其分子和原子的运动实际上将停止。宇宙中可能的最低温度是 −273.15 ℃。该温度称为绝对零度。但是，温度似乎没有上限。例如，恒星内的温度可达数百万度。

　　延伸阅读： 绝对零度；度；摄氏温标；华氏温标；凝固点；热；熔点。

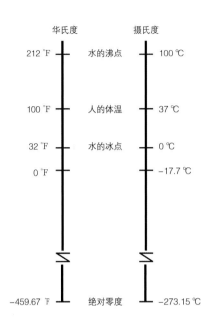

两种最常见的温标是华氏温标和摄氏温标。

钨

Tungsten

74　W　2 8 18 32 12 2
钨
183.84

　　钨是一种坚硬的银白色金属，也是一种化学元素。在自然界中，钨存在于被称为黑钨矿的矿物中。

　　钨是一种非常有用的材料。它具有所有金属中最高的熔化温度。因此，它用于必须在极热条件下正常工作的设备。钨还使钢更硬更坚固。钨钢工具比普通钢制工具更耐用。电灯、电视和其他电子设备中有钨制零件。在汽车的点火系统中也存在含钨部件。点火系统用于启动车辆。

　　延伸阅读： 化学元素；金属。

钨矿石

无机化学

Inorganic chemistry

　　无机化学是化学的一个分支,研究化学元素和无机化合物。

　　化学元素是仅由一种原子构成的物质。化合物是含有两种以上原子的物质。有机化合物基于化学元素碳,它们通常有键合在一起的碳原子链或环。无机化学家研究的含碳化合物未键合成链(环)。

　　无机化学家也创造新的化合物,并找出了它们的原子结构。他们研究化合物如何相互作用或相互反应。在工业上,无机化学家致力于开发对人类生活有用的材料。这些材料包括阻止癌细胞生长的化合物和用光传输电话信息和计算机数据的玻璃纤维。

　　延伸阅读： 化学键；碳；化学；化合物；化学元素。

食盐是固体无机化合物。无机化合物一般不含化学元素碳。

无穷大

Infinity

　　无穷大是一个非常大的量或距离,你无法计算或测量它。

　　具有某种属性的事物的全体在数学中称为集合。有限集具有确定数量的对象。例如,一副扑克牌就是一组52张牌。所以扑克牌是一个有限的集合。无限集具有无数个对象。用于计数的1、2、3、4等的数字形成无限集。

　　显示无限集的一种方法是列出前几个对象然后写三个点。例如,可以写出偶数组:{0, 2, 4, 6, …}。显示无穷大的另一种方法是使用符号∞。

　　延伸阅读： 数。

无线电波

Radio wave

无线电波是最长的一种电磁波。电磁波是电能和磁能的运动模式。其他种类的电磁波包括伽马射线、可见光和 X 射线。无线电波对人类来说是不可见的。

与其他类型的电磁波一样，无线电波以每秒300 000 千米的速度穿过空旷的空间。无线电波可以穿过墙壁和其他固体物体。

无线电波用于许多通信设备中。它们用于无线电广播和电视信号。无线电波也被无线设备使用，包括手机、全球定位系统 (GPS) 接收器、卫星通信系统、警用无线电和无线互联网设备。车库门遥控器和无线电遥控玩具也使用无线电波。大多数雷达系统通过反射无线电波来检测飞机、船舶、汽车或云层等物体。微波通常被认为是一种无线电波。

无线电波使天文学家能够观察到光学望远镜无法看到的太空物体。天文学家已经探测到来自行星、超新星（爆炸恒星）和中心超大质量黑洞的星系的无线电波。

无线电波具有不同的频率和振幅。频率是波振动的速度。波幅是波的大小。

延伸阅读： 电磁波谱；波。

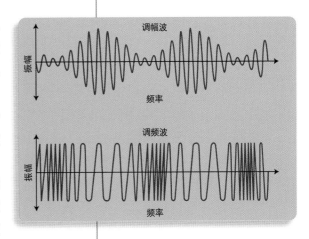

两种主要的无线电波是调幅(AM)和调频(FM)。在调幅广播中，改变无线电波的幅度（强度）以匹配来自无线电台的信号的变化。在调频广播中，改变波的频率（每秒振动的数量）以匹配信号。

物理

Physics

物理是研究物质和能量的学科。所有物体都是由物质构成的，研究物理的科学家称为物理学家。

物理学家试图了解物质与能量是什么以及为什么它们的行为方式是这样的。他们想知道它们是如何组合在一起的以及它们是如何变化的，物理学家还试图了解能量变化的形式以及它是如何从一个地方传播到另一个地方的，他们试图掌握控制能量的方法。物理学家也对物质和能量如何协同工作感兴趣。

　　物理这个词来自希腊语，意思是自然事物。物理学家发现的知识被用于许多其他科学领域，包括天文学、化学和地质学。物理学还为新技术的发展提供了许多有用的知识，如更好的汽车、飞机和计算机设计以及改进的疾病治疗方法。物理学还可用于解释真空吸尘器和 DVD 播放器等常用物品的工作原理。

　　不同的物理学家以不同的方式工作。一些物理学家在实验室进行实验，另一些物理学家会想到新的思想和理论来解释宇宙的某些部分是如何运作的。物理学家必须使用大量的数学来解释他们的想法，这些解释可能非常复杂。

　　物理学有很多研究领域，包括电、热、光、磁、力和声音。一些物理学家研究原子和分子。原子是微小的物质单元，它们结合在一起形成分子。一些物理学家研究了由原子组成的亚原子粒子，包括电子、质子和中子。通常使用称为粒子加速器的大型机器来探索更小的粒子。

　　几个世纪以来，物理学一直与技术的发展以及数学、天文学和其他科学的进步密切相关。然而，现代物理学开始于 19 世纪后期，当时科学家开始发现亚原子粒子。在 20 世纪初期，物理学家开始使用量子理论和其他新思想来描述物质、能量、空间和时间，这与以前的描述非常不同。

　　延伸阅读： 原子；生物物理学；能量；物质；分子；核物理；量子力学。

物理学家曾经使用一种叫作气泡室的装置来研究亚原子粒子。粒子在通过气泡室时产生的轨迹揭示了粒子质量、电荷和其他特征的信息。

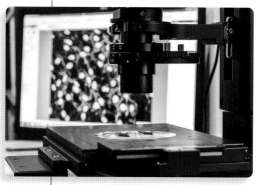

位于克拉科夫的波兰科学院核物理研究所的原子力显微镜。

粒子加速器，例如欧洲的大型强子对撞机，已经取代了用于研究亚原子粒子的气泡室。

物理变化

Physical change

物理变化是物质形式或形状的变化。物质是我们周围大部分物体的组成部分。在物理变化中，不会产生新物质。

物理变化通常是物质状态的变化。物质的三种常见状态是气态、液态和固态。在物理变化中，物质的化学结构保持不变。例如，融入水中的冰是物理变化的一个例子，冰的状态从固态变为液态，但冰的味道、气味和其他化学特性不会改变。

将木材变成木屑是物理变化的另一个例子。木材的化学品质保持不变，即使原木被切成许多小块。

物质化学结构的变化称为化学变化。化学变化可以改变物质的味道、气味和溶解在液体中的能力等。燃烧木材是化学变化的一个例子。它产生新的化学物质 —— 气体和灰烬。

延伸阅读：化学反应；气体；液体；物质；固体。

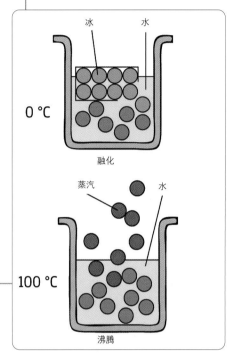

冰的融化和水的沸腾是物理变化的例子。当温度升至 0 ℃时，冰(固体水)会变成液态水；当温度达到 100 ℃时，液态水变成蒸汽，即气体。

物质

Matter

物质是任何有质量和占据空间的物体。所有物体都是由物质构成的。物质可以形成巨大的物体，例如巨大的星系团，光线需要数亿年才能穿过它们。物质也可以形成非常小的粒子，科学家将它们描述为点状粒子。

我们周围的事情有三种常见的物态，它们是固态、液态和气态。固体有自己的形状和大小，液体具有一定的体积。体积是某物占用的空间量，但液体没有自己特定的形状。相反，它取决于容纳它的容器的形状。气体不具有确定的体积或其自身的特定形状，它会扩展（变大）或收缩（缩小）以填充其容器。物质可以从一种形式变为另一种形式。物质可以变成能量，能量也可以变成物质。

所有形式的物质都有一种称为惯性的属性。由于惯性，除非外力作用在物体上，否则静止的物体会保持静止。惯性还使运动物体保持以相同的速度和相同的方向运动，除非外力作用在物体上。

改变物体运动所需的力与物体的质量有关。质量是物体中物质的量。物体的质量越大，物体运动或改变其方向或速度就越困难。

所有物质都由称为原子的微小物质组成，仅由一种原子组成的物质称为化学元素。一种化学元素的原子与所有其他元素的原子不同。氢和氧是化学元素的实例。化学元素可以连接在一起形成化合物。水是氢和氧的化合物。许多物质都是化合物。

延伸阅读：气体；惯性；液体；运动；固体。

固体中的分子在原位振动。

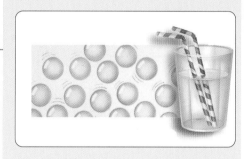

液体中的分子自由运动但仍然相互接触。

气体中的分子快速运动，很少相互接触。

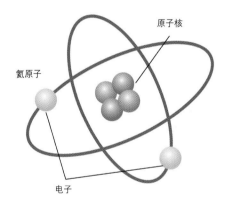

所有物质都由称为原子的单元组成。氦原子由两个质子和两个中子组成原子核，两个电子围绕原子核运行。原子结合在一起形成分子。

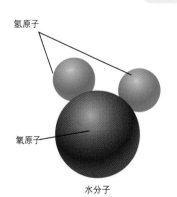

水分子由两个氢原子和一个氧原子组成。

吸收和吸附

Absorption and adsorption

　　材料吸取物质、能量或同时吸收两者的现象称为吸收。例如，海绵吸收水这种物质。水透过海绵蔓延。

　　湖中的水吸收氧气，氧气是空气中的主要气体之一。空气中的氧气通过湖水传播。鱼类使用氧气的方式与人们在空气中呼吸使用氧气的方式大致相同。

　　能量也可以被吸收。声音就是一种能量。厚重的窗帘可以吸收房间内的声音。声音的能量透过窗帘布料传播时被吸收，而不是作为回声反射。

　　吸附则是一种材料聚集在另一种材料上时发生的现象。水过滤器使用活性炭就是吸附。木炭将微小的不需要的颗粒从水中吸出。木炭不会吸收颗粒。颗粒只是粘在木炭的表面上。

　　延伸阅读：毛细管作用。

吸收

海绵

水滴被海绵吸收

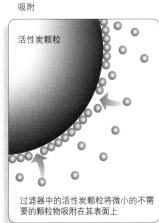

吸附

活性炭颗粒

过滤器中的活性炭颗粒将微小的不需要的颗粒物吸附在其表面上

希格斯玻色子

Higgs boson

　　希格斯玻色子是物理学中一个重要的亚原子粒子。亚原子一词意味着比一个原子还要小。科学家们认为希格斯玻色子可以为其他粒子提供质量。质量是物体中物质的量。希格斯玻色子以英国物理学家彼得·希格斯的姓氏命名，他于1964年提出了这种粒子的概念。科学家们直到2012年才发现粒子存在的证据。

　　希格斯玻色子随处可见。它们在物

英国物理学家彼得·希格斯站在欧洲核子研究中心的粒子加速器大型强子对撞机前，科学家在那里于2012年首次发现了希格斯于1964年提出的粒子证据。

质周围形成"场"，就像磁铁产生磁场一样。这个场，通常被称为希格斯场，作用于物质，使其产生质量。作为一种亚原子粒子，希格斯玻色子的质量很大。

2012年，在欧洲一个主要研究中心——欧洲核子研究中心的科学家宣布了希格斯玻色子存在的第一个证据。他们使用的是粒子加速器，这是一种将粒子粉碎的机器。

延伸阅读：玻色子；欧洲核子研究中心。

希帕蒂亚

Hypatia

希帕蒂亚（约370—415）是古埃及数学家和哲学家。哲学家是研究知识真理的人。她也是一种基于希腊哲学家柏拉图思想的思维方式的领导者。

希帕蒂亚是第一位著名的女性数学家。她在家中和亚历山大港的演讲厅做关于天文学、数学、哲学和宗教的公开演讲。人们显然在政府事务上咨询过她。人们认为希帕蒂亚写过几部作品，但它们已不复存在。关于她的生活和教学的大部分知识来源于她的一个学生写的信。

希帕蒂亚出生于亚历山大港。她从父亲那里学到了科学和数学。他们一起撰写了关于希腊天文学家托勒玫的作品的评论。希帕蒂亚被基督教主教西里尔的追随者谋杀。一些学者认为西里尔的追随者因其科学观点而杀害了希帕蒂亚。

锡

Tin

锡是人们使用了5 000多年的银色金属，也是一种化学元素。

锡非常实用，因为它可以形成许多不同的形状。古代人将锡与铜结合，制成一种称为青铜的合金。他们使用青铜制作武器和工具等。如今，锡主要用于生产镀锡板。镀锡板是通过用非常薄的锡层涂覆钢材制成的。大多数镀锡板都用于制作罐头。

锡还用于许多其他类型的产品。大多数回形针、安全别针、大头针和订书钉均由涂有锡的钢或黄铜制成。此外，锡用于制造一种用于连接或修补金属表面（例如管道）的合金焊料。

延伸阅读：化学元素；金属。

锡是一种银色金属，主要存在于地球的南半球。它用于制造许多产品，包括罐头。

弦理论

String theory

弦理论是关于物质的本质和影响物质的力的理论。我们周围世界的所有物体和材料都是由物质构成的。一种理论是基于已知事实对某种事物的解释。弦理论用于物理学研究。

物质由基本粒子组成。这种粒子小于原子并且没有已知的更小的部分。一般的物理学理论统称其为标准模型，将基本粒子视为点。但在弦理论中，这些粒子是可以以不同的方式振动的微小的弦。不同的振动模式在我们看来就像不同的粒子。

一些科学家希望弦理论可以为所有四种已知自然基本力提供统一的解释。这些力是：电磁力、强核力、弱核力、引力。

科学家目前使用称为量子理论的思想来解释前三种力量。他们用称为广义相对论的理论来描述引力，这一理论不是量子理论。自20世纪80年代中期以来，物理学家发展了许多形式的弦理论，包括一组超弦理论。然而，该理论仍然不完整，要证明它仍然很困难。

延伸阅读：力；引力；量子力学；相对论。

相对论

Relativity

相对论是由德国出生的美国物理学家爱因斯坦提出的两个物理学理论之一。物理学是研究物质和能量的学科。爱因斯坦的理论解释了物质、能量，甚至时间和空间的行为。第一个相对论，称为狭义相对论，发表于1905年。爱因斯坦在1915年宣布了第二个相对论（广义相对论），并于1916年发表。这两个理论为现代物理学建立了两个最基本的思想。

爱因斯坦之前的科学家将空间和时间视为两种不同的东西。在爱因斯坦的狭义相对论中,爱因斯坦说他们实际上是同一件事的一部分,他称之为时空。空间和时间是相对于(取决于)观察者的。

一个著名的例子通常被称为双胞胎悖论。在这个例子中,爱因斯坦的理论解释了两个人如何根据他们的运动速度来度过不同的时间。在这个例子中,一个兄弟在地球上待了几十年,而他的双胞胎兄弟乘一艘宇宙飞船出发,以接近光速的速度飞行了相同的时间。当宇航员双胞胎回家时,他发现他的兄弟是一个老人,但宇航员只是大了几个月。两人经历的时间是不同的,因为一个双胞胎兄弟相对于另一个双胞胎兄弟以极快的速度行进。随着他的速度接近光速,乘坐宇宙飞船的旅行者的时间变了。科学家们已经使用几种不同的方法证明了这一理论。

广义相对论解释了引力如何运作。爱因斯坦将引力描述为物质扭曲(弯曲)时空的能力。物体质量越大,它扭曲时空的程度就越大。例如,想象两个放置在离地球中心不同距离的相同时钟,一个是放在一座高山上,另一个放在海底。观察两个时钟的人会注意到海洋中的时钟比高山上的时钟走得慢。那是因为地球引力对每个时钟是不同的。接近地球引力的时钟以较慢的速度经历时间。

时间过得真快

时间过得真慢

乔(留在地球上)　　约翰(以光速旅行)

双胞胎悖论是狭义相对论的一个例子。乔和约翰是双胞胎。多年来,乔一直留在地球上并以正常方式老去。在此期间,约翰继续太空旅行,并以光速行驶。时间过得较慢。约翰年龄似乎只大了几个月。

香水

Perfume

香水是一种散发出令人愉悦气味的物质。香水可以由天然材料制成,也可以由煤和石油产品的合成材料制成。最好的天然香水来自花瓣油。来自植物的表皮、芽、叶、根和木质部等的油也可用于制造香水。动物器官也用于某些香水中。

大多数香水用于制造肥皂。人们还在皮肤上喷洒液体香水。口红、面部和身体乳液,以及爽身粉也含有香水。

香水师利用他的嗅觉来调制香水。

人们使用香水已经几千年了。香水和其他香味产品在宗教仪式中也发挥了重要作用。国际香水业每年营业额达数十亿美元。

消毒剂

Disinfectant

消毒剂是一种化学物质，用于杀灭医疗器械和地板等无生命物品表面的细菌。另有一种化学物质，称为杀菌剂，用于杀灭人和其他动物身上的细菌。

消毒剂有许多不同的种类。有些用于杀灭公共供水中的细菌，这有助于预防疾病的传播。也使用其他种类的消毒剂来清洁房间的地板、墙壁和其他表面。人们经常在厨房和浴室使用消毒剂。更强大的消毒剂用于医院和其他医疗保健场所，这些消毒剂可以杀灭许多导致危险疾病的细菌。

许多消毒剂中添加了称为洗涤剂的化学品。洗涤剂使消毒剂也起到清洁剂的作用。

延伸阅读： 酒精；氨；碘。

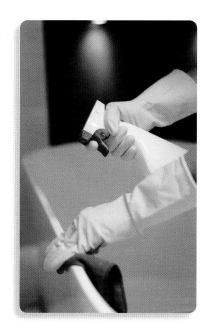

人们经常在浴室里使用消毒剂来杀菌。

硝酸盐

Nitrate

硝酸盐是包含硝酸根离子的化学品。离子是带电原子或原子团。硝酸根离子是包括一个氮原子和三个氧原子的一组原子。硝酸盐存在于自然界中，也可以人工合成。

当生物死亡时，它们会分解（腐烂）。在此过程中，细菌和真菌将死亡生物体中的氮转化为氨。一些氨进入土壤，该氨可以直接由植物使用。其中一些被硝化细菌吸收，这

俄勒冈州东部的硝酸盐矿床。

种细菌最终将一些氨变成硝酸盐。一种硝化细菌将氨变成亚硝酸盐。亚硝酸盐具有亚硝酸根离子，与硝酸根离子不同，亚硝酸根离子只有两个氧原子。另一种硝化细菌将亚硝酸盐变成硝酸盐。植物吸收硝酸盐，人们像使用氨一样使用它们。

硝酸盐有很多用途。例如，一些可用于制造爆炸物，一些则用于肥料。

延伸阅读：氨；离子；氮。

斜面

Inclined plane

斜面是一个如斜坡般的倾斜的表面，它是六种简单机械之一。

斜面可用于提升重载荷。将负载推过斜面所需的力比直接提升负载所需的力小。例如，想象有一个重达 90 千克的箱子，普通人无法将箱子抬起 90 厘米进入卡车后部。但普通人可以通过 3 米长的坡道将箱子向上推进卡车。箱子与坡道行进的距离越长，移动所需的力量就越小。随着倾斜平面变长，移动负载所需的力会越来越小。

延伸阅读：功。

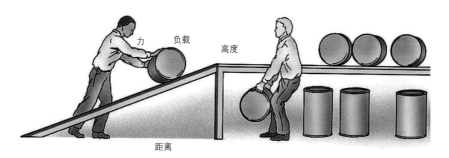

一种称为斜面的倾斜平面使得将桶滚动到平台上比将其提升起来更容易。

锌

Zinc

30	Zn	2 8 18 2
锌		
65.38		

锌是一种有光泽的蓝白色金属。它是一种有用的金属，可以弯曲或模锻成各种形状。铁和钢之类的金属通常涂有锌以防止生锈。镀锌金属用于制造屋顶水槽和其他产品。锌

也用于电池。自 1982 年以来,美国的硬币一直由涂有薄铜层的锌合金制成。虽然锌是一种硬金属,但它在室温下很容易破裂。

锌是一种化学元素。植物和动物需要锌才能正常生长。

锌在自然界中从未在纯净状态下被发现,它总是与其他化学元素一起被发现。锌可以与其他金属结合形成许多重要的合金。黄铜是铜和锌的合金,青铜是铜、锡和锌的合金。

延伸阅读: 化学元素;金属。

锌是一种蓝白色的金属。

锈

Rust

锈是当周围的空气潮湿时,在铁或钢上形成的一种红褐色表层。空气中的氧与铁结合时形成锈。钢是铁与其他材料混合而成的。如果在潮湿多雨的天气下把自行车长时间留在室外,会生锈。锈使金属损耗。锈是氧化的一个例子。

由铁或钢制成的物体应保持干燥或涂漆以防止生锈。人们还可以给它们涂上厚厚的油脂或喷涂塑料,以防止生锈。铁可以与其他化学元素结合制成不生锈的金属。这些金属称为不锈钢。

延伸阅读: 腐蚀;金属;氧化。

在室外日晒雨淋的卡车上的金属生锈了。当铁与氧和水缓慢结合时,通常会形成锈。

生锈

你可以做一些实验来看看生锈需要什么。

❗ 让老师或成人帮助你完成此实验。

1. 将足够的温水放入一个罐子里覆盖底部。把钉子放在水里。顶部应该露出在水面上方。把这个罐子标记为"1"。

2. 在没有水的情况下将钉子放在第二个罐子里。把这个罐子标记为"2"。

3. 让老师或成人帮助你煮沸一些水，以去除可能与水混合的氧气。将足量的水放入第三个罐子中，完全覆盖钉子，几乎要到罐子的顶部。在顶部倒一点油，以防止空气进入水中。这个罐子这个罐子标记为"3"。

4. 在第四个罐子里放入足够的温水以覆盖底部。在放入钉子之前，将大量盐加入水中制成浓盐溶液。把这个罐子标记为"4"。

你需要准备：

- 四个玻璃罐
- 一支记号笔
- 水
- 四个铁钉
- 一个炉子
- 食用油
- 盐

会发生什么事：

几天后：罐子1：因为罐子里有空气和水，铁钉会生锈。罐子2：因为没有水，铁钉不会生锈。罐子3：即使在水中，铁钉也不会生锈很多，因为油会挡住空气。罐子4：因为罐子里有水和空气，铁钉会生锈。水中的盐会加速生锈，因此铁钉会生锈得更严重。

悬浮微粒

Aerosol

悬浮微粒也叫气溶胶，是气体中微小颗粒的混合物。颗粒可以是液滴，或者是固体颗粒。颗粒悬浮在气体中。

烟雾是一种悬浮微粒。它由空气中的微小颗粒组成。云和雾是水的悬浮微粒。

大气充满了微小的悬浮微粒，其中一些来自大自然，这些包括花粉、火山灰和尘埃。人类活动也将小颗粒释放到空气中，这些悬浮微粒可能导致空气污染。

有些产品以气雾罐为容器出售，将产品溶解在罐中的压缩气体中。罐的内容物在压力下密封，打开阀门会释放出一股压缩气体。产品与气体一起释放为悬浮微粒。

雾化器将药物转化为悬浮微粒，然后供病人将药物吸入肺部。这种悬浮微粒用于治疗哮喘和其他呼吸问题。

延伸阅读：氯氟烃。

气雾罐与压缩气体一起释放液体或固体颗粒。

薛定谔

Schrödinger, Erwin

薛定谔（1887—1961）是一位奥地利物理学家。薛定谔做出了一种称为"薛定谔方程"的数学陈述。它描述了原子和其他粒子有时像波一样。薛定谔的方程是基于法国物理学家德布罗意（Louis V. de Broglie）的思想。1924 年，德布罗意提出了一个理论，即原子和其他粒子会表现出波的行为。薛定谔方程成为被称为量子力学的物理学领域的一个基本部分。

薛定谔后来致力于发展爱因斯坦提出的量子理论。薛定谔也对科学与哲学之间的关系感兴趣。

薛定谔出生于维也纳。他曾在奥地利、德国和瑞士的几所大学担任物理学教授。薛定谔与英国科学家狄拉克（Paul Dirac）一起获得了 1933 年诺贝尔物理学奖，以表彰他们在原子理论方面的贡献。

延伸阅读：原子；引力；量子力学；波。

薛定谔

压强

Pressure

压强是重量或力的作用。如果你在葡萄上放一块沉重的岩石,葡萄就会被岩石重量引起的压强压扁。当你在水下游泳时,你能感受到在你的耳膜上的水压。当你吹气球时,气球内部的空气压强会使气球变大。施加的力越大,压强越大。压强以公制系统中的帕斯卡或英制系统中的磅／平方英寸来度量。

大气压强是由空气重量产生的。山顶的压强小于山脚的压强,因为其上方的空气较少。

延伸阅读: 力。

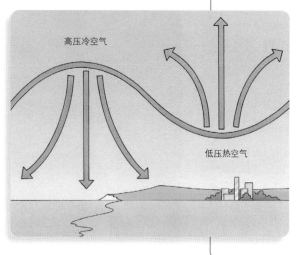

大气压力与空气温度有关。热空气比冷空气轻,温暖、较轻的空气上升,冷重的空气下降。

氩

Argon

33	As	2 8 18 5
	氩	
74.921995		

氩是一种化学元素,占地球大气层不到1%。它是一种无色、无嗅、无味的气体。一些灯泡充满氩气和少量氮气。氩气也用于一种电弧焊接,这是一种利用热量连接金属的工艺。氩气可以保护金属免受空气中的氧气侵害,而氧气会损坏金属。

氩气总是被释放到大气中它来自地壳中放射性钾的衰变。当钾衰变时,它会变成氩气。

氩被称为惰性气体。惰性气体不易与其他化学物质发生反应。1894 年,英国科学家雷利 (Rayleigh) 勋爵和威廉·拉姆齐 (William Ramsay) 爵士发现了氩气和其他惰性气体。

延伸阅读: 化学元素;气体;惰性气体;钾。

氩气与其他化学物质不易反应,它用于一种特定类型的电弧焊接,以隔离连接区域空气中的其他物质。

颜色

Color

色彩是美丽的。蓝天、碧草和红花让世界变得更加有趣。颜色在自然界中起着重要作用，鲜艳的花朵引来昆虫，昆虫帮助植物产生种子和果实。一些动物的颜色有助于它们躲避捕食者。例如，北极野兔夏季有棕色皮毛，冬季有白色皮毛。白色的皮毛使捕食者更难在雪中发现它们。

人们在很多方面使用颜色。颜色有助于我们沟通（分享信息）。例如，在体育运动中，运动员穿着不同颜色的运动服来区分他们所代表的球队。红色交通信号灯让司机停车。当我们看到颜色时，我们实际上看到的是光。光以波的形式传播，这些波有点像水中的波。有些光以短波的形式传播，有些光以长波的形式传播。

人们将这些不同长度的波视为不同的颜色。人眼可以看到的最短的光波颜色是紫色，最长的光波颜色是红色。

称为原色的基本色可以混合在一起以生成所有其他颜色。颜料中的基色（油漆中的颜色）为红色、黄色和蓝色。它们通

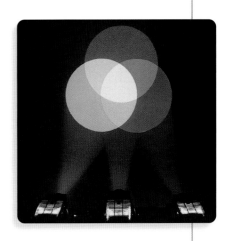

红色、绿色和蓝色是光的主要颜色。它们可以以各种方式组合以形成不同的颜色。在光中组合所有三种基色可产生白光。

过吸收光波来产生另一种颜色。例如，蓝色和黄色颜料可以组合成绿色。蓝色和黄色颜料各自吸收一些光的波，留下的波呈绿色。

光的基色是红色、绿色和蓝色。它们通过增加不同波长的光来形成新的颜色。例如，红光和蓝光形成紫色光。

我们可以看到颜色是因为我们的眼睛和大脑一起工作。当我们看到某个物体时，来自物体的光进入我们的眼睛。光在视网膜上形成物体的图像。视网膜是一层薄薄的

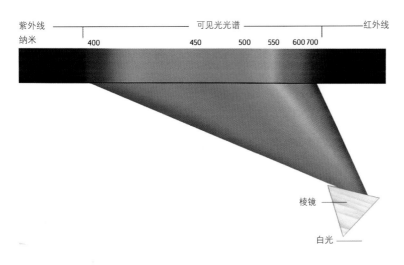

紫外线
纳米
可见光光谱
红外线
400   450   500   550   600 700

棱镜

白光

当光线穿过棱镜（特殊形状的玻璃物体）时，会形成一条称为可见光谱的颜色带。可见光谱是我们可以看到的光线范围。棱镜弯曲最短的光波最多，呈现紫色。它弯曲最长的光波最少，呈现红色。所有其他颜色介于两者之间。其他形式的光，包括紫外线和红外线，都在可见光谱之外，对人类来说是不可见的。光波的长度以纳米为单位计量。一纳米是十亿分之一米。

细胞，覆盖眼球内侧的背部和侧面。视网膜接收光线并将其转换为电信号。这些信号传递到大脑中的神经细胞。然后大脑告诉我们所看到的颜色。科学家仍在努力研究大脑如何做到这一点。

延伸阅读： 电磁波谱；光。

要看到残像，请盯着旗帜中心约 30 秒。然后看一张白纸。您将看到旗帜的图像和颜色。

氧

Oxygen

8	O	2
	氧	6
	15.9994	

氧是一种气体。它存在于地球的空气、土壤和水中。几乎所有的生物都需要氧气来维持生命，氧和其他化学物质提供植物和动物细胞生长和其他目的所需要的能量。

氧是一种化学元素，化学元素是由一种原子构成的物质。

普通氧气约占地球大气层体积的五分之一。纯氧无色、无味、无嗅。氮占其他五分之四的大部分。氧也存在于地球的地壳和水中。这种氧不是纯的，它与其他化学元素结合在一起。平均来说，100 千克的地壳物质中含有约 47 千克的氧。每 100 千克水含有约 89 千克的氧。

另一种形式的氧，称为臭氧，在大气中少量存在。大气中的臭氧对地球上的生命非常重要。大气中的臭氧层保护地球免受太阳辐射的危害。

氧在工业上有许多用途。大多数燃料燃烧都需要氧气。燃烧过程会放出热量。氧气可以用来炼钢。它有时也用

空气主要由氮和氧组成。这些气体构成了干燥空气的 99%，所有的水蒸气都被去除了。氩气和其他气体约占 1%。

当植物在阳光下时，它们释放出供人和动物呼吸的氧气。植物利用人和动物呼出的二氧化碳制造养分。

在炸药中。氧气是在18世纪末由两名独立工作的化学家发现的。他们是瑞典的谢勒 (Carl Scheele) 和英国的普莱斯利 (Joseph Priestley)。谢勒称氧气为"火空气"，普莱斯利称之为"去燃素空气"。1779年，法国化学家拉瓦锡 (Antoine Lavoisier) 把它命名为氧。

延伸阅读： 化学元素；气体；氧化；锈。

氧化

Oxidation

氧化是一种化学反应。当一种或多种化学物质转变成另一种或多种化学物质时，就会发生化学反应。化学反应涉及原子和分子。原子是物质的一部分，分子是键合在一起的原子团。

在氧化过程中，一个物质原子失去电子。电子是带负电荷的粒子，它围绕原子的核旋转。从一种物质中氧化掉的电子必然被另一种物质捕获。因此，氧化总是伴随着另一种称为还原的反应。在还原过程中，物质获得电子。

锈是氧化的一个例子。钥匙里的铁与空气中的氧在潮湿的情况下结合在一起。

铁的锈蚀是氧化的一个常见例子。铁在有水分的情况下与氧结合形成铁锈。这个过程从铁原子失去电子开始。"氧化"一词最初指的是一种物质与氧结合的任何化学过程。当化学家发现一些氧化反应在没有氧气的情况下发生时，这个定义就改变了。

延伸阅读： 化学反应；氧；锈。

液态天然气

Natural gas liquids

液态天然气是可以从天然气中以液体形态获得的化合物，这些化合物是世界上最有价值的能源之一。液态天然气也称为NGL，被广泛用作燃料。它们还用于制造工业化学品和其他产品。

重要的液态天然气化合物有几种，从最轻到最重，包括乙烷、丙烷、丁烷、戊烷、己烷和庚烷。化学品制造商使用乙烷制造乙烯，这是一种重要的工业化学品。丁烷和丙烷以及两者的混合物被归类为LPG(液化石油气)。液化石油气主要用作工业和家庭的燃料。戊烷、己烷和庚烷被称为天然汽油或凝析油，这些物质与用于运输的其他种类的汽油混合。

延伸阅读：乙烯；汽油。

液体

Liquid

液体是物质的三种基本状态之一，其他两种状态是气体和固体。

液体和气体没有自己的形状。液体和气体的分子不像固体中的分子那样被锁定在原位，它们的分子可以相互流动。当液体和气体放入容器中时，它们呈现该容器的形状。但液体总是有一定的体积，体积是占有的空间量。液体中的分子与它们周围的分子持续接触。

气体没有明确的体积。气体中的分子不与它们周围的分子持续接触。因为气体的分子之间存在空隙，所以它可以膨胀或收缩以填充其流入的任何容器。固体总是具有确定的形状和确定的体积。

被加热超过一定温度时液体会变成气体。如果水被加热到高于其沸点(100 ℃)，水会变成水蒸气(气体)。冷却到低于一定温度时，液体会变成固体。当冷却至低于其冰点(0 ℃)时，水会变成冰。不同的液体具有不同的沸点和冰点。

延伸阅读：沸点；流体；凝固点；表面张力。

液体流动以适合任何容器。

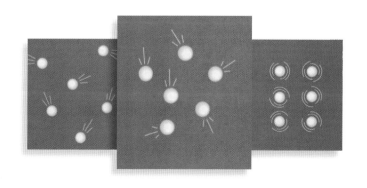

液体中的分子(中)比气体中的分子(左)更有序。但它们并不像固体中那样有序(右)。当分子失去一定量的热能时，它们变得更有序，这是一种动能。发生这种情况的温度因物质而异。液体中的分子比气体中的分子具有更少的热能，但它们比固体中要多。

乙烯

Ethylene

乙烯是一种无色气体,带有微弱的甜味。乙烯易燃,比空气略轻。乙烯与空气混合会爆炸。乙烯是工业上最重要的化学品之一。

乙烯是碳氢化合物,由碳原子和氢原子组成。乙烯分子可以连接成长链。这种连接称为聚合。乙烯可用于生产一种叫聚乙烯的聚合物。聚乙烯是一种塑料,它用于制造瓶子和容器。乙烯也用于催熟果实。

延伸阅读: 气体;碳氢化合物。

乙烯是一种碳氢化合物。乙烯分子可以在一种叫作催化剂的特殊化学物质的帮助下,形成一种较长的分子,称为聚合物。

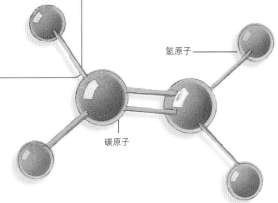

氢原子

碳原子

单乙烯分子

音爆

sonic boom

音爆是由物体运动速度超过声速而引起的巨大噪声。在海平面上且温度为15 ℃时,声音以每秒340米的速度在空气中传播。雷声是闪电造成的音爆。枪声的一部分是由超声速子弹产生的音爆。

最快的飞机也可以创造音爆。对于地面上的人来说,飞机产生的音爆听起来就像一声雷声。噪声来自物体产生的冲击波,冲击波是物体的运动速度比声速快时在物体边缘周围积聚空气的气压变化。

音爆不会严重伤害人,但如果声音足够大可能会损害听力。声音的冲击波有时会破坏窗户或震裂墙壁。

延伸阅读: 声音;声速。

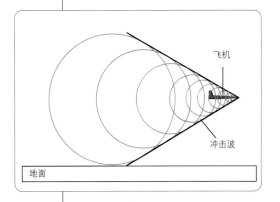

飞机

冲击波

地面

当诸如飞机之类的物体以比声速更快的速度产生冲击波时,会发生声波振动。当波到达地面,人就听到了轰鸣声。

音调

Pitch

　　音调是声音的高低。音高取决于声波的振动,振动则是快速、微小的来回或上下运动。高音声波比低音声波振动得更快。声波振动的速度为频率。频率是每秒完整振动的次数,高音调声音的频率高于低音调声音的。当小提琴演奏者调整他们的乐器(校正音调)时,他们会调整每个弦乐,使其以所需的频率振动。

　　我们听到的大多数声音实际上是多个音调或频率的混合。例如,乐器、哨子或警报器产生的声音同时具有几个频率。

　　延伸阅读:频率;声音;振动;波。

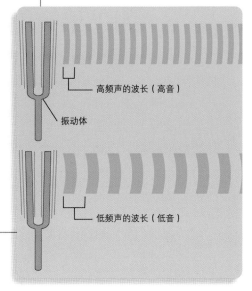

高频声的波长(高音)

振动体

低频声的波长(低音)

声音的音调取决于产生声音的振动物体产生的声波的频率。声波的频率越高,声音的音高越高。

银

Silver

47	Ag	2 8 18 18 1
	银	
107.8682		

　　银是一种柔软的白色金属。人们使用银制作珠宝和硬币的历史大约已有 6 000 年,它也是一种化学元素。

　　银是一种广受欢迎的制造珠宝的金属,因为它比其他任何金属更容易成形。除了金,银也是所有金属中最闪亮的,它能反射大约 95% 的光线。

　　银有比其他任何金属都好的传导热量和电的能力。因此,它被广泛用于电气和电子设备工业中电线和其他物品的制造。医生在手术过程中使用由银制成的薄板、电线和引流管,因为银有助于杀死细菌。

　　大多数国家都产白银,但开采成本很高。秘鲁在白银生产方面处于世界领先地位,其次是墨西哥和中国。

　　延伸阅读:化学元素;电力;金属。

银是一种柔软的白色金属,可塑性强。它可用于制作很多东西,包括餐具。

引力

Gravitation

引力是使物体彼此吸引的力。万有引力使行星围绕太阳运行。它还可以使你的双脚牢牢站定在地面上。万有引力会导致物体掉落。引力的另一个名称是重力。

由于质量（物质的数量），物体之间有引力作用。每个物体都有自己的引力，但质量较大的物体比质量较小的物体具有更强的引力。地球的引力使月球在地球轨道上运行。月球的引力不如地球那么强，因为月球的质量较小。月球较弱的引力是为什么在那里的宇航员可以携带在地球上因太重而无法携带的设备的原因。

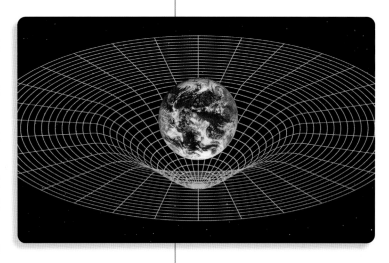

爱因斯坦计算出引力是时空弯曲的作用。时空是时间和三维空间（长、宽、高）的组合。空间弯曲导致接近地球的物体被拉近。

在 17 世纪后期，英国科学家牛顿 (Isaac Newton) 爵士发现了几个重要的万有引力定律。他解释说，两个物体之间的引力与它们的质量成正比。物体的质量越大，其引力就越大。牛顿还解释说，随着物体越来越远，引力越来越弱。万有引力导致物体掉落到地面，行星绕太阳运行。然而，牛顿无法解释引起万有引力的原因。即便如此，科学家们还是接受了牛顿的观点超过 200 年。

1915 年，出生于德国的美国科学家爱因斯坦 (Albert Einstein) 提出了关于引力的新思想，这些思想印证了牛顿的成果。爱因斯坦的观点被称为广义相对论。在爱因斯坦之前，人们一直认为空间就是虚无。但爱因斯坦说太空有点像橡皮，他的理论认为，太空中的物体，如太阳，实际上改变了空间的形状。它们会使空间弯曲，就像保龄球会使橡胶板向下弯曲一样。空间的弯曲导致物体彼此相向运动。许多实验证明爱因斯坦是正确的。虽然爱因斯坦的观点被广泛接受，但引力的来源仍然未知。

延伸阅读： 爱因斯坦；质量；牛顿；相对论。

英寸

Inch

英寸是英制系统中用来测量距离的最小单位。美国是使用英制系统的主要国家。1 英寸大约是成年男性拇指的宽度。

1 英尺有 12 英寸,1 码有 36 英寸。小于 1 英寸的距离通常以分数表示,例如 1/8 英寸或 3/4 英寸。

英格兰的爱德华二世在 14 世纪设定了 1 英寸的标准长度。1 英寸等于 3 粒大麦端对端放置的长度。今天,美国政府的一个机构保留了英制和其他计量单位的准确标准。

公制系统是最广泛使用的测量系统。该系统用厘米或毫米来测量短距离。1 英寸等于 2.54 厘米或 25.4 毫米。

英寸是在美国使用的英制系统中最小的整距离单位。这里,它被分成 12 份,以英寸的份数来测量。

铀

Uranium

92	U	2 8 18 32 21 9 2
	铀	
238.02891		

铀是一种放射性的银白色金属,放射性元素在原子衰变时释放能量。铀是自然界中发现的第二重的化学元素。化学元素是仅由一种原子构成的物质。

所有大型核电站都使用铀来产生电能。一个垒球大小的铀产生的能量比三列车煤炭产生的能量还多,铀还会引发一些核武器的巨大爆炸。

铀主要存在于岩石中,含量很少。铀在河流、湖泊和海洋中的含量甚至更少。加拿大的铀产量超过其他任何国家。在美国,亚利桑那州、科罗拉多州、新墨西哥州、得克萨斯州、犹他州和怀俄明州都有铀矿床。

德国化学家克劳普思(Martin H.Klaproth)于 1789 年在沥青岩中发现了铀,这是一种深蓝色的暗色矿物。1896 年,法国物理学家贝可勒尔发现铀是放射性的。

延伸阅读: 化学元素;裂变;核能;辐射。

这个用作核电站燃料的一个纽扣大小的铀可以产生比一列车煤炭更多的能量。

有机化学

Organic chemistry

有机化学是对某些含碳化合物的研究。化合物是由多种化学元素构成的化学物质，化学元素则是仅由一种原子构成的。碳原子可以以不同的方式与其他原子结合。因此，碳原子可以形成被称为有机化合物的多种化合物。科学家们发现了数百万种有机化合物。

植物和其他生物中的大多数分子都含有碳。

许多有机化合物来自生物。例如，石油和天然气含有许多烃。这些有机化合物由元素碳和氢组成。碳氢化合物来自数百万年前死亡的生物遗骸。乙醇是另一种有机化合物，它来自水果、谷物或蔬菜。生物中的其他有机化合物包括氨基酸、糖类和脂类。氨基酸是蛋白质的基本成分。

科学家曾经认为有机化合物只能通过生物制造。然而，在1828年，德国化学家维勒（Friedrich Wohler）在他的实验室制造了有机化合物尿素。从那以后，科学家们发现了许多制造有机化合物的方法。这些化合物包括药物、杀虫剂和被称为聚合物的链状化合物。其中一种聚合物由乙烯制成，乙烯是含有两个碳原子和两个氢原子的有机化合物。数百万以长链键合在一起的乙烯分子称为聚乙烯，是一种常见的塑料。

延伸阅读：碳；化学；乙烯；碳氢化合物。

宇宙微波背景辐射

Cosmic microwave background radiation

宇宙微波背景辐射是从早期宇宙遗留下来的能量。科学家认为能量在宇宙大爆炸后不久就形成了。大爆炸是138亿年前宇宙开始的标志。宇宙微波背景由微波构成，是一种类似可见光的不可见能量。

美国物理学家彭齐亚斯（Arno Penzias）和威尔逊（Robert W.Wilson）在20世纪60年代发现了宇宙微波背景辐射。他们使用一种能探测微波的望远镜并注意到微弱的信号来自天空的各个方向。彭齐亚斯和威尔逊在与其他科学家讨论过这个信号后得出结论，即他们正在探测早期宇宙遗留下来的能量。因为这一发现，他们共获 1978 年诺贝尔物理学奖。

几种空间望远镜已经研究了宇宙微波背景辐射。其中一种名叫普朗克的探测器绘制了这个能量的详细分布图。科学家利用这张分布图来帮助理解宇宙是如何随着时间的增长而变化的。

延伸阅读： 微波；辐射。

原子

Atom

原子是物质的基石之一。我们周围的物质都是由原子组成的。原子非常小，人的头发宽度超过原子 100 万倍。用普通显微镜可以看到的最小物质点含有超过 100 亿个原子。

原子由更小的部分组成，称为亚原子粒子。主要的亚原子粒子是质子、中子和电子。

质子和中子组成原子核，即原子的中心。电子围绕原子核运行。原子核非常小，假如一个原子的宽度是 6.4 千米，那么原子核的大小只有网球那么大。包含电子的区域大多是空的空间。原子核由非常强大的力保持在一起，这种力量蕴含巨大的能量。科学家可以分裂原子核以释放一些能量，称为原子能。原子能用于发电以产生电流。

电子总是在高速运动。在百万分之一秒内，电子在核周围进行数十亿次绕行。

自然界中最基本的物质称为化学元素，化学元素仅由一种原子组成。氢和氧以及金属铁和铅是化学元素。

特定化学元素的所有原子在其原子核中具有相同数量的质子。例如，氢原子仅具有 1 个质子。铀原子有 92 个质子。

原子可以连接在一起形成分子，大多数化学品是由不同种类的原子组成的分子。例如，两个氢原子与一个氧原子结合形成水分子。

延伸阅读： 电子；物质；中子；原子核；质子。

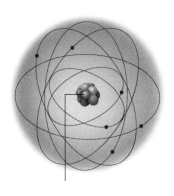

原子有三种基本类型的粒子：质子、中子和电子。质子和中子位于原子核。电子以极快的速度围绕原子核在其周围的空间旋转。

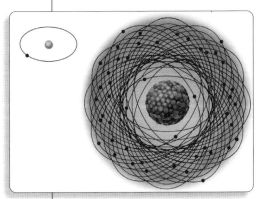

最小和最轻的原子是氢原子。自然界中发现的最大和最重的原子是钚原子。

原子核

Nucleus

原子核是原子的核心。原子是物质的微小组成部分。我们周围看到的几乎所有物体都是由物质构成的。

原子非常小，而核更小。如果一个氢原子宽约 6.4 千米，它的原子核不会比网球大。原子的其余部分大多是空的空间。

原子核含有质子和中子。质子是带有正电荷的粒子。中子是不带电荷的粒子。原子核包含至少一个质子，结果就是原子核带正电。

电子围绕原子核运行。电子是带负电荷的粒子。它们被原子核的正电荷所吸引。

原子核几乎占据了原子的所有质量。质量是原子中物质的量。单个质子或中子的质量超过 1 800 个电子。

延伸阅读：原子；电子；中子；质子。

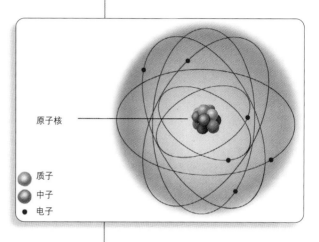

质子
中子
电子

原子核是原子中心的一个微小区域。质子和中子聚集在原子核中。电子以极快的速度在原子核周围的空的空间旋转。

圆

Circle

圆是闭合曲线（即曲线的首末端相连）。圆周上的每个点与圆心的距离相等。

人们可以使用圆规绘制圆。将圆规的尖头端放在一张纸上，该点是圆心，然后旋转圆规的铅笔端，铅笔会画出一个圆。

圆有许多重要参数。圆的圆周长是其外曲线的长度。圆的半径是将圆心连接到其外曲线的线段。圆的直径是一条穿过圆心的线段。直径是半径的两倍。

将圆的圆周长除以其直径时，结果是一个称为圆周率的特殊数字。每个圆的圆周率都是相同的，接近 3.141 59。但你不能精确地用十进制数写出圆周率，因为这数字会无穷无尽。符号 π 代表圆周率。

延伸阅读：直径；几何形状；半径。

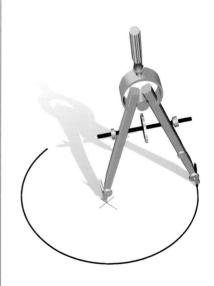

圆规是画圆的工具。

运动

Motion

运动是指物体改变其位置。宇宙中的一切都在运动中。即使你似乎坐着不动，你也在运动，因为地球在它的轴（穿过地球的中心的假想线）上旋转。即使是巨大的恒星和行星系统，例如我们的银河系，也在太空中运动。

一个物体的运动只能相对于另一个物体而言。例如，你可以驾驶汽车经过一个站在拐角处的人。那个人会看到你在运动，但是与第三个物体相比，相同的运动物体可能呈现为静止。对于坐在同一辆运动着的汽车中的你旁边的人而言，你似乎并不会被认为在运动。

英国科学家牛顿 (Isaac Newton) 爵士提出了三条定律来描述运动。他的第一定律指出，直线运动的物体将继续沿直线运动，除非受到力的作用。他还指出，除非受到力的作用，否则静止的物体将保持静止状态。

牛顿第一定律被称为惯性原理。惯性是物体在运动时继续运动，如果它处于静止状态则保持静止的趋势。

第二定律涉及物体速度的变化，即加速度。加速度是由力引起的。该定律表明加速度与物体的质量有关。例如，当对两个物体施加相等的力时，质量为1千克的物体将加速到质量为2千克的物体的两倍。

第三定律指出，对于每一个作用力，都会有大小相等、方向相反的反作用力。例如，火箭从发动机中喷出热气体就会起飞，向下推动气体的力等于向上推动火箭的力。

延伸阅读： 加速度；力；动能；动量。

所有的运动都是相对的。也就是说，一个物体只能说相对于另一个物体是运动的或静止的。相对于四周，图中的子弹是运动的，杯子是静止的。

可以用速度来描述运动，速度是物体在一定时间内行进的距离。如果汽车在一秒开始至一秒结束行驶了15米，则行驶速度为每秒15米。

Z

沼气

Biogas

沼气是腐烂生物的残留物释放的气体。在少量氧气存在的情况下，这些残留物形成了沼气。填埋的垃圾、污水和粪便产生沼气，沼泽地区死去的植物和动物也会产生沼气。

沼气通常含有二氧化碳和甲烷的混合物。大量的甲烷是危险的。气体附近的火花会引起爆炸。但甲烷可以被收集和安全地储存，然后它可以作为能源燃烧。甲烷是天然气的主要成分，天然气是一种广泛使用的燃料。甲烷也用于工业。

延伸阅读： 气体；甲烷。

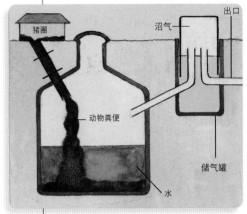

垃圾和污水可用于生产沼气。人们可以收集饲养动物的粪便并放入水槽中。废弃物释放出甲烷和其他气体。人们还可以收集甲烷用于烹饪或加热。

折射

Refraction

折射是光线的弯曲。当光波进入或离开透明材料时会发生折射。例如，当光从空气进入水中或从水进入空气时，光可能会改变方向。光通过不同的材料以不同的速度传播。速度的变化会导致光线弯曲。光必须以一定角度遇到物体才能产生折射。折射可以改变物体的样子，物体可能看起来具有不同的大小、形状甚至位置。

光由能量波组成。光波有不同的波长。这些不同波长的波呈现不同的颜色。波长越短，光线就越容易弯曲。紫光具有最短的波长，因此弯曲最多。红光具有最长的波长，因此它比其他颜色弯曲得少。

光可以通过棱镜折射。白光由许多不同的波长组成。棱镜将白光分成光谱（彩虹般的色带）。不同的颜色以不同的角度弯曲。同样，由于穿过雨滴的光线折射，所以会产生彩虹。

延伸阅读： 颜色；光；彩虹；白光；波长。

一杯水中的铅笔似乎在水面处折断，因为来自铅笔的光线在从水经过到大气时会发生折射（弯曲）。

你能弯曲一支铅笔吗？

你可以弯曲铅笔而不折断它吗？你可以把铅笔放在水里，使它看上去像是弯曲的。

你需要准备：

- 一个玻璃杯
- 水
- 一支铅笔

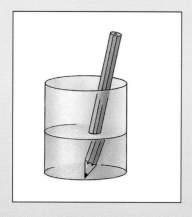

1. 往玻璃杯中加水。将铅笔放在玻璃杯中，靠在一边。

2. 从上面看水，铅笔看起来就像弯曲了。

3. 现在把铅笔从水里取出来。铅笔什么事都没发生！

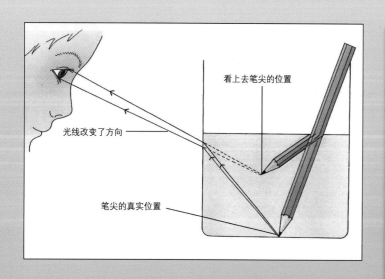

看上去笔尖的位置

光线改变了方向

笔尖的真实位置

这是怎么回事：

为什么铅笔在水中时会看起来像是折断了？当光线离开水面会加速，并在到达眼睛前改变方向，这使得铅笔看起来像是折断了。铅笔尖似乎是在玻璃杯的一半处！

真空

Vacuum

我们周围的所有物体和材料都是由物质构成的，而真空是一个几乎没有任何物质的空间。科学家发现，任何空间都不可能真正是空的。即使是恒星之间的空间，也称为星际空间，也有一点点物质。在地球上，科学家们通过制造特别密封的容器来从某些区域清除大部分空气。因此，当科学家谈论地球上的真空时，他们是在谈论容器中的一个区域，其中大部分空气被抽出。

我们在很多方面使用真空。真空吸尘器利用真空吸取尘埃。真空瓶的双层壁之间有真空，这种真空只有很少的空气分子在外部空气和饮料之间传递热量。这有助于保持瓶中饮料的温度。食品制造商使用真空来制作汤和奶粉等即食食品，那是因为食物在真空中会快速干燥。一些食物，包括冷冻肉类或罐装蔬菜，都是在真空中包装，以防止它们变质。

延伸阅读：物质。

在发射到火星之前，技术人员将空间探测器放入真空室中进行测试，这种腔室可用于模拟空间中遇到的无空气条件。

振动

Vibration

振动是一种快速来回运动。几乎所有东西都在振动。但振动可能太弱、太快或太慢，以至于我们无法注意到。从一侧到另一侧的振动速率称为频率。振动的大小——即振动从一侧到另一侧移动的距离——称为振幅。

在地震期间会发生非常大的振动。海浪也会产生振动。日常物品中会发生较小的振动。例如，汽车因发动机内的小

由电吉他上弦的振动产生的声音被吉他上的一种称为拾音器的麦克风转换为电脉冲。然后将脉冲传输到放大器，这增强了脉冲。扬声器将脉冲还原回声音。

爆炸而振动。我们的耳朵帮助我们通过探测空气中的声波来听到声音。许多声音都是由振动物体本身产生的。

振动可能很有用。例如，敲打一个盐瓶会引起振动。这种振动使盐流动。在医学中，振动装置用于治疗肌肉的疼痛。

振动也会给人和机器带来问题。汽车或其他车辆频繁、强烈的振动会让人感到不舒服。在机器中，振动会导致噪声、磨损和破损。

延伸阅读：频率；弦理论；波。

蒸发

Evaporation

液体或固体变成气体时会发生蒸发。在此过程中，液体以热量的形式吸收能量。所有物质的分子都具有一定量的动能。

这种动能由来自周围环境的热量提供，包括附近的其他分子。分子的能量越多，运动的速度就越快。当它们运动得足够快时，他们可能会开始打破将他们聚集在一起的键。一些分子可能开始向空中移动。物质开始变成气体。一些液体，如酒精，在室温下迅速蒸发。其他的，包括水，蒸发得较慢。

将一些水放入一个敞开的锅中并将其放在温暖的房间里，水会慢慢消失。锅会干燥而空，因为水蒸发了。当水蒸发时，它会变成一种叫作蒸汽的气体。水可能需要几天才能以这种方式消失。

增加热量会使物质蒸发得更快。例如，将水锅放在炉子上然后加热，水很快就会开始沸腾。您可能会看到蒸汽从水面升起。蒸汽是水变成的。

蒸发对地球上的生命很重要。太阳的热量从地球表面蒸发水分。蒸发的水进入空气中，然后它冷却下来并形成云。液态水从天而降，如雨或雪。蒸发对人们也很重要。当我们

蒸发在雾的形成中起作用。湖水的蒸发变成水蒸气。如果空气冷却，水蒸气就会变成微小的水滴。

出汗时，我们皮肤上的水分蒸发，蒸发使人感觉凉爽。

固体也可以直接变成气体。这个过程叫作升华。干冰（固体二氧化碳）的蒸发是升华的一个例子。

延伸阅读： 沸点；升华；蒸气。

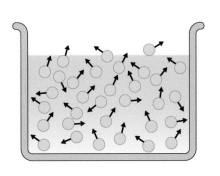 

当水变成气体并与空气混合时，水会缓慢蒸发。

加热时水会迅速蒸发。随着水沸腾，它变成蒸汽。

蒸馏

Distillation

蒸馏是一种使物质纯净的过程。蒸馏时，通常加热物质的混合物。大多数液体在不同温度下沸腾。通过慢慢加热混合物，可以使每种物质一次沸腾成蒸气。每种物质形成的蒸气被收集在不同的容器中然后冷却，随着蒸气冷却，它变回液体。蒸馏过的液体已从混合物中分离出来。蒸馏在许多行业中都很重要。

简单的蒸馏可以将盐和水从海水中分离出来。将水煮沸会留下固体盐。蒸馏也可用于将氧气与空气中的其他气体分离。当蒸馏气体时，使用冷却而不是加热的方法。缓慢降低气体温度会使混合物分离成单纯的液体。

延伸阅读： 海水淡化；水蒸气。

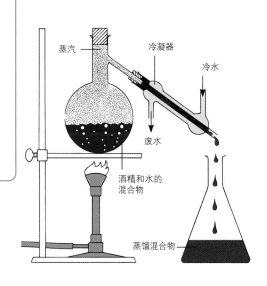

简单蒸馏分离液体中的物质。当将醇和水的混合物在烧瓶中加热至沸腾时，混合物变成蒸气。蒸气中的醇百分比比液体混合物更高，因为醇的沸点比水低。蒸气在冷凝器的管中液化并流入另一个容器中。

蒸气

Vapor

蒸气是一种气体。固体和液体受热时会变成蒸气。水蒸气是蒸气的一种，它是水的蒸气。水蒸气总是存在于空气中，变成液体的水蒸气形成云、露、雨和雪。

从液体到蒸气的变化称为蒸发。气化和沸腾是蒸发的类型。在气化中，蒸发的变化缓慢发生。沸腾时，变化很快发生。固体在没有先成为液体的情况下变为蒸气称为升华。

延伸阅读： 沸点；蒸发；气体；液体；固体。

低温下缓慢移动的分子

当能量分子具有足够的热能（热量）来破坏将它们保持在一起的连结时，就会发生蒸发。然后它们可以作为蒸气从物质表面逃逸。热是一种动能。

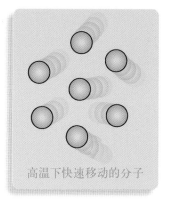

高温下快速移动的分子

整数

Integer

整数是正整数、负整数和数字零。整数可以是奇数或偶数。诸如 1、8、31 和 211 的数字是正整数。负整数包括 −1、−8、−31 和 −211。正整数有时称为自然数。零有时也被认为是自然数。

整数的数量是无限的。也就是说，它们永远不会被用完。但并非所有数字都是整数。还有分数和小数，例如 1/2，3/4，1.75 和 0.999，这些都不是整数。

您可以对整数进行加、减、乘和除。当向正整数添加同一负整数时，其和为零。例如，5+（−5）＝0。

人们日常使用整数来表示街道地址、电话号码、时间、温度和日期。

延伸阅读： 数字；数。

整数用于解决多种数学问题。

正方形

Square

正方形是具有相等长度的四条直边的平面形状。正方形有四个直角。直角是 90°。

描述正方形大小的一种方法是测量其面积。面积是形状内的空间度量，要找到正方形的面积，需要将任一边的长度乘以其自身。例如，想象一个边长为 5 个单位的正方形，其面积是 5×5，即 25 平方单位。

周长是方形的另一个度量。周长是一个图形周围的长度。要得到上面这个正方形的周长，需要将所有边的长度相加：5+5+5+5=20。因为正方形的边相等，您还可以通过将任意边乘以 4 来得到周长（4 边 × 每边 5 个单位）。

一些数学问题需要数字的平方，这通过数字乘以它自己来得到。例如，25 是 5 的平方，因为 5×5=25。

延伸阅读： 角；几何形状。

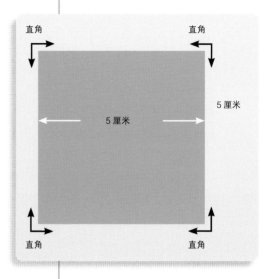

正方形是一个有四条相等的直边和四个直角的平面图形。这个正方形高 5 厘米，宽 5 厘米。

直径

Diameter

直径是经过圆心的线段。直径也可以表示该线段的度量。人们通常用直径来描述圆的大小。该直径是圆的"宽度"。

圆的直径总是其半径的两倍。半径是圆心到圆周上任意点的距离。

球体也可以通过其直径来测量。篮球的直径约为 24 厘米。地球的直径接近 13 000 千米。

延伸阅读： 圆；半径。

圆中穿过圆心的距离称为直径。半径是从圆心到圆周边上任意点的距离。围绕圆周边一周的距离称为圆周长。

质量

Mass

质量通常被描述为物体中物质的量。我们周围看到的几乎所有物体都是由物质构成的。科学家将质量描述为惯性度量，这是所有物质的属性。由于惯性，一个静止的物体将保持静止，除非外力移动它。例如，躺在地上的球不会自行移动。但如果一个人踢它，它会移动。同样由于惯性，运动物体保持以相同的速度和相同的方向运动，除非有一些力作用在它上面。

在日常使用中，质量可以代替重量，反之亦然。例如，当你称自己时，你会获得构成你身体的物质数量。质量通常以千克为单位。在科学和技术中，重量是指作用在物体上的重力。

延伸阅读： 惯性；物质；运动。

氢原子 / 原子核 / 电子

原子质量是原子中物质的量。最小和最轻的原子是氢原子。它的质量非常小。

太阳占太阳系总质量的 99.8%。

质谱分析

Mass spectrometry

质谱分析是科学家用来分离和分析物质中原子和分子的方法。原子和分子是微小的物质。

质谱法在化学和生物学中都有许多重要用途。化学是研究构成我们的世界和宇宙其他部分的物质的科学，化学家使用质谱分析探究分子的组成和结构。

环境科学家使用质谱分析检测水和土壤中的污染物。生物学家和医学研究人员使用质谱分析探究细菌、病毒和人体中的蛋白质及其他物质。

在质谱分析中，科学家将物质的原子和分子电离为带电粒子，称为离子。然后，称为质谱仪的装置根据质量（物质的量）和电荷分离各种离子。这些信息可以揭示物质中有哪些原子和分子以及它们的组合。

延伸阅读：原子；离子；分子。

科学家使用质谱仪工作。该装置能显示一种物质是由哪些原子和分子组成，含量是多少。

质子

Proton

质子是在原子核中发现的带正电荷的粒子。质子由三个更小的，称为夸克的粒子组成。质子的直径约为一百万分之一纳米，一纳米等于一百万分之一毫米。

除了一种原子外，所有的原子核都由质子和另一种叫作中子的粒子组成。只有普通氢原子有一个没有中子的原子核，这些原子的原子核只有一个质子。化学元素的所有原子具有相同数量的质子，原子中质子的数量被称为原子序数。

中性原子具有相等数量的质子和电子。电子围绕着核旋转。每个电子携带一个单位负电荷，这个电荷平衡了质子的正电荷。因此，原子是电中性的。

延伸阅读：原子；电子；化学元素；中子；原子核。

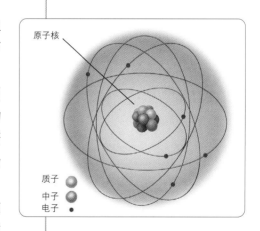

质子和中子构成原子核。电子围绕原子核运动。一个不带电荷的原子具有相同数量的带正电子的质子和带负电的电子。

中和

Neutralization

　　中和是指酸和碱结合形成盐。酸是一种具有酸味的化学物质,如果足够强,可以灼伤皮肤。碱感觉很滑,味道很苦。强碱也会伤害皮肤。小苏打是碱的一种。

　　在水中,酸和碱分解,形成正、负离子。这些离子以不同的组合聚集在一起而形成盐,一旦水变干盐通常表现为晶体。如果中和反应完成,最终的盐通常是中性的。中性意味着它既不是酸也不是碱。中和在许多工业部门中都很重要,它在人体中也很重要。

　　延伸阅读: 酸;碱;氢离子浓度指数。

为了测试酸或碱的强度,科学家可以使用一种称为 pH 纸的指示剂。pH(酸碱度)数表示溶液中的氢离子浓度。将纸浸入溶液中时,颜色会发生变化。然后可以对比色标的颜色以确定溶液的 pH。中性物质,例如水,pH 为 7。

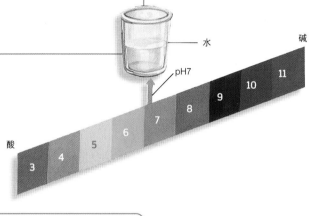

中子

Neutron

　　中子是原子的一部分。原子是微小的物质。中子和质子形成几乎所有各种原子的核。中子不带电荷,质子带正电荷。

　　化学元素是仅具有一种原子构成的物质。只有最常见的化学元素氢的原子不含中子。中子和质子几乎构成了原子的质量。其余的是一团带负电荷的粒子——围绕原子核运行的电子。

　　中子的宽度约为百万分之一纳米。1 纳米约为人类头发直径的 1/100 000。中子由称为夸克的更小的粒子组成。科学家利用中子使化学元素具有放射性。科学家用中子照射一种元素,在元素吸收中子后,它们发出辐射。

　　延伸阅读: 原子;电子;质子;辐射。

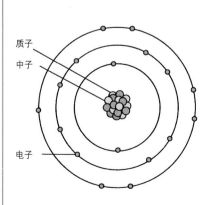

中子和质子形成原子核,几乎构成一个原子的全部质量。

重心

Center of Gravity

物体的重心是物体中引力（重力）作用的点。引力将物体拉在一起。地球上的物体被地球的引力向下拉。当没有人坐在跷跷板上面时，其重心位于板的中间。跷跷板的两端均匀向下，因此跷跷板保持水平。但如果一个人坐上一端，重心会转向这个人。板的这一端然后下降。如果较重的人坐在跷跷板的另一端，重心会向较重的人移动，然后板在那一端向下倾斜。

延伸阅读： 引力。

当没有人坐在跷跷板上时，跷跷板的重心位于板的中间。当两个人坐在跷跷板上时，重心会向较重的人移动。

紫外线

Ultraviolet rays

紫外线是光的一种。太阳是地球上天然紫外线的主要来源，某些类型的灯也可以产生紫外线。太阳产生各种波长的紫外线。波长是波中波峰和波谷之间的距离。紫外线对人们来说是不可见的。但实验表明，蜜蜂、蝴蝶和其他昆虫可以看到紫外线。例如，某些昆虫翅膀的紫外线反射能显示有助于昆虫识别配偶的图案。

紫外线可能有害。如果人们的皮肤在短时间内接触太多的紫外线，他们可能会遭受痛苦的晒伤。长期极度严重的晒伤或过度暴露于射线中可能导致皮肤癌。防晒乳液有助于保护皮肤免受紫外线伤害。好的太阳镜有助于保护眼睛。

在可见光下，花朵上看不到紫外线标记。但是当这些花在紫外线(右图)中被拍摄时，我们可以看到告诉蜜蜂在哪里可以找到花蜜的标记。

紫外线也可以帮助人们。某些类型的紫外线可以杀死致病的细菌。一些紫外线会在人体内产生维生素 D。发出紫外线的灯可用于治疗痤疮和其他皮肤病。科学家研究来自遥远恒星的紫外线，以了解有关宇宙的更多信息。

延伸阅读： 电磁波谱；光。

X 射线

X rays

X 射线是最有用的能量形式之一。它们被广泛用于医学。医生使用 X 射线拍摄身体内的骨骼和器官。这些照片被称为射线照片，或简称为 X 光照片。射线照片让医生不必剖开患者身体就能看到骨折、肺部疾病或其他问题。牙医用 X 光片找到牙洞。

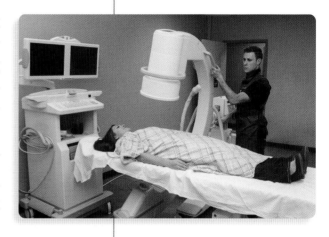

医疗技术人员准备给患者拍 X 光片。

X 射线穿过患者的身体，在一张摄影胶片产生图像。患者的骨骼或器官的阴影会在胶片上形成，因为骨骼和器官阻挡了一些 X 射线。医生通过"读"这些阴影来了解患者身体的状况。

X 射线可能改变它们进入的物质。因此，它们可能很危险。但医生也使用 X 射线杀死癌细胞。

X 射线在科学中有许多其他用途。天文学家研究来自宇宙中的恒星和其他热物体的 X 射线，以了解这些物体的温度和组成。另外一些科学家使用 X 射线来确定原子如何在晶体中排列。

在工业中，检验员使用 X 射线检查产品是否有裂缝和其他缺陷。工人们还使用 X 射线检查大规模生产的产品 (如计算机芯片和其他小型电子设备) 的质量。机场的扫描仪使用 X 射线检查行李中是否有武器或炸弹。

X 射线于 1895 年由德国科学家伦琴 (Wilhelm Roentgen) 发现。他称它们为 X 射线，因为起初他并不了解它们是什么。X 通常用作未知的符号。

X 射线是电磁能或光的一种形式。另一种形式的电磁辐射是可见光。但人类无法看到 X 射线。

延伸阅读： 电磁波谱；能量；光；辐射。

图书在版编目（CIP）数据

物质与能量／美国世界图书公司编；武鹏，毛燕萍
译. —上海：上海辞书出版社，2021
（发现科学百科全书）
ISBN 978-7-5326-5503-8

Ⅰ.①物…　Ⅱ.①美…②武…③毛…　Ⅲ.①物理学
—少儿读物②能—少儿读物　Ⅳ.①O4-49②O31-49

中国版本图书馆CIP数据核字（2020）第027521号

FAXIAN KEXUE BAIKEQUANSHU WUZHIYUNENGLIANG
发现科学百科全书 物质与能量
美国世界图书公司 编　武　鹏　毛燕萍 译

责任编辑　董　放
装帧设计　姜　明　明　婕
责任印刷　曹洪玲

出版发行　上海世纪出版集团
　　　　　　上海辞书出版社（www.cishu.com.cn）
地　　址　上海市陕西北路457号（邮政编码 200040）
印　　刷　上海丽佳制版印刷有限公司
开　　本　889×1194 毫米　1/16
印　　张　14
字　　数　317 000
版　　次　2021年7月第1版　2021年7月第1次印刷
书　　号　ISBN 978-7-5326-5503-8/O·78
定　　价　118.00元

本书如有质量问题，请与承印厂联系。电话:021-64855582